机器人及人工智能类创新教材

机器学习

主　编　苑城玮　王　松　任光辉
副主编　崔一鸣　程　鑫　曹金栋
　　　　陈　禹　何秉高

哈尔滨工业大学出版社

内容提要

机器学习是计算机科学与人工智能的重要分支领域,本书作为该领域的入门教材,在内容上尽可能涵盖机器学习基础知识的各方面。本书主要内容包括机器学习绪论、Python 基础知识、模型评估及模型、机器学习及神经网络、MNIST 识别及图像分类。本书致力于"利用经验来改善系统自身的性能"。在计算机系统中,"经验"通常是以数据的形式存在的,利用经验就不可避免地要对数据进行分析。本书结构清晰、内容丰富,知识完整,理论部分通俗易懂,实践部分真实可操作,书中介绍了大量行业前沿案例,并配有程序说明。本书可作为机器人、计算机、电子信息、自动化、机电一体化等专业的机器视觉技术课程教材,也可供高等院校相关比赛者、机器人与制造技术领域的科研工作者和工程技术人员参考。

图书在版编目(CIP)数据

机器学习/苑城玮,王松,任光辉主编.—哈尔滨:哈尔滨工业大学出版社,2023.2

机器人及人工智能类创新规划教材

ISBN 978-7-5767-0599-7

Ⅰ.①机… Ⅱ.①苑… ②王… ③任… Ⅲ.①机器学习-高等职业教育-教材 Ⅳ.①TP181

中国国家版本馆 CIP 数据核字(2023)第 030894 号

HITPYWGZS@163.COM
13936171227

策划编辑	李艳文 范业婷
责任编辑	徐 昕
出版发行	哈尔滨工业大学出版社
社　　址	哈尔滨市南岗区复华四道街 10 号 邮编 150006
传　　真	0451-86414749
网　　址	http://hitpress.hit.edu.cn
印　　刷	哈尔滨市石桥印务有限公司
开　　本	787 毫米×1 092 毫米 1/16 印张 14.75 字数 309 千字
版　　次	2023 年 2 月第 1 版　2023 年 2 月第 1 次印刷
书　　号	ISBN 978-7-5767-0599-7
定　　价	68.00 元

(如因印装质量问题影响阅读,我社负责调换)

主编简介

丛书主编/总主编：

冷晓琨，中共党员，山东省高密市人，哈尔滨工业大学博士、教授，乐聚机器人创始人。其主要研究领域为双足人形机器人与人工智能，研发制造的机器人助阵平昌冬奥会"北京8分钟"、2022年北京冬奥会，先后参与和主持科技部"科技冬奥"国家重点专项课题、深圳科技创新委技术攻关等项目，科创成果获中国青少年科技创新奖、全国优秀共青团员、中国青年创业奖等荣誉。

本书主编：

苑城玮，中共党员，山东省聊城市人，山东理工大学机械工程学院机械电子系党支部书记，讲师。主要研究方向机器人工程和金属增材制造系统及工艺。

王松，四川省眉山市人，哈尔滨工业大学计算机博士，乐聚（深圳）机器人技术有限公司合伙人、副总监。主要研究方向为仿人机器人运动控制和模仿学习，发表论文2篇，专利20余项。

任光辉，中共党员，山东高密人，毕业于西北工业大学设备工程与管理专业、山东省委党校经济管理专业。历任地方党委和政府有关部门负责人、职业院校及技工院校负责人，熟悉社会经济发展规律和职业技能人才培养规律。

前　言

机器学习是一门多领域交叉学科,涉及概率论、统计学、逼近论、凸分析、算法复杂度理论等。本书作为该学科领域的入门教材,在内容上尽可能涵盖机器学习基础知识的各个方面。为了使尽可能多的读者通过本书对机器学习有所了解,作者试图尽可能少地使用数学知识,涵盖少量的概率、统计、代数、优化、逻辑知识内容。因此,本书适合大学二年级及以上的理工科专科生、本科生、研究生,以及具有类似背景的对机器学习感兴趣的相关人士使用。

本书共5章,第1章介绍机器学习基础概念及其历史起源;第2章介绍Python基础知识、模型操作及评估、机器学习及神经网络、MINIST识别及图像分类;第3章以Python语言作为编程语言,介绍了Python编译环境、控制结构、列表、元组、字典、集合、函数、对象等相关知识;第4章介绍模型评估及模型,包括向量矩阵和数组,索引、切片和迭代,Pandas数据整理,Series数据结构,DataFrame数据结构,数据加载、存储与文件格式,数据清洗和准备,图像数据读取与处理,数据可视化基础,数据可视化折线图、柱状图、散点图等;第5章介绍机器学习及神经网络,包括模式识别、机器学习的区别与联系,k-近邻算法、K-Means(K-均值),聚类算法,Torch运算,Pytorch搭建神经网络,保存和加载模型等。MINST识别及图像分类部分主要包括,MINIST手写数字识别和图像分类。书中大部分内容采用理论铺垫够用原则,强调技能的实际运用与提升,辅助以案例实践,可使读者接触和掌握真实的项目需求与解决方案,具备机器学习应用的综合能力。

本书的编写得到教育部产学合作协同育人项目202102333004,山东理工大学、乐聚星原力(山东)教育科技有限公司的鼎力支持,修改调试过程得到了山东理工大学在校生崔景辉、孙肆昂和王继宇同学的大力帮助。编者在编写过程中参阅了大量的图书和互联网资料,在此一并表示衷心的感谢。

机器学习的教材目前还处于探索阶段,由于作者水平有限,且技术在不断发展,书中难免会有疏漏和不足之处,恳请读者提出宝贵意见和建议。

编　者
2023年1月

目　　录

第 1 章　绪论 ··· 1
  1.1　AI 的历史起源 ·· 1
  1.2　什么是智能与 AI ··· 5
  1.3　人工智能的分类 ·· 8
  1.4　人工智能和大数据 ··· 10

第 2 章　Python 基础知识 ·· 14
  2.1　Python 虚拟环境与库安装方法 ································· 14
  2.2　Python 流程控制语法 ··· 18
  2.3　列表、元组、字典与集合 ··· 23
  2.4　Python 函数 ·· 35
  2.5　面向对象编程 ·· 41

第 3 章　模型评估及模型 ··· 47
  3.1　向量矩阵和数组 ··· 47
  3.2　索引、切片和迭代 ·· 51
  3.3　Pandas 数据整理 ··· 59
  3.4　Pandas 的 Series 数据结构 ······································ 61
  3.5　Pandas 的 DataFrame 数据结构 ······························· 67
  3.6　数据加载、存储与文件格式 ····································· 73
  3.7　数据清洗和准备 ··· 79
  3.8　图像数据读取与处理 ··· 85
  3.9　数据可视化基础 ··· 92
  3.10　数据可视化折线图、柱状图、散点图 ······················ 95

第 4 章　机器学习及神经网络 ·· 100
  4.1　模式识别、机器学习的区别与联系 ··························· 100
  4.2　什么是机器学习 ·· 103
  4.3　机器学习的专业术语、开发流程与工具 ···················· 106
  4.4　机器学习基础补充 ··· 109
  4.5　多项式曲线拟合 ·· 113
  4.6　k - 近邻算法 ··· 117

4.7 K–Means(K–均值)、聚类算法 ……………………………………… 127
4.8 利用PCA来简化数据 ……………………………………………… 147
4.9 神经网络 …………………………………………………………… 157
4.10 Torch运算 ………………………………………………………… 161
4.11 Pytorch搭建神经网络 …………………………………………… 167
4.12 保存和加载模型 ………………………………………………… 178

第5章 MNIST识别及图像分类 ………………………………………… 200
5.1 MNIST手写数字识别 ……………………………………………… 200
5.2 MNIST图像分类 …………………………………………………… 207

参考文献 ………………………………………………………………… 226

第1章 绪 论

1.1 AI 的历史起源

本次授课的目的和要求：

- 了解 AI 的历史起源,历史背景

本次授课的重点、难点及解决措施：

- 重点:了解 AI 的历史起源
- 难点:专业词汇的深入掌握
- 解决措施:查阅课外资料,加深了解

本次授课采用的教学方式、方法：

讲授、事例

本次授课采用的教具、挂图及工具：

无

课后作业内容与预计完成时间：

- 预计完成时间:20 分钟
- 查找相关资料
- 预习下一节内容

思考一分钟：

人工智能是如何被发明的？发展过程中出现了哪几类人工智能？

本次课的小结与改进措施：

本节简要介绍人工智能(Artificial Intelligence,AI),为理解 AI 是什么,以及了解为什么 AI 是一个令人兴奋且快速演变的研究领域。下面先从 AI 的历史起源讲起。

在很早以前就已经出现类似于人工智能的原型。据记载,古希腊哲学家曾研究过如何制造拥有智能的机器。1517 年,犹太教主教创造了 Prague Golem,如图 1.1 所示。

图 1.1　Prague Golem

1637 年,法国著名的哲学家笛卡儿 René Descartes 在他的著作 *Discourse on Method* 中写道:机器的智能化是不可能实现的。这篇论文表明了他的态度。

接下来是一个更奇特的人工智能故事,或者更恰当地说,是一个"骗局"。在 18 世纪末到 19 世纪中期的欧洲,人们创造出了一个自动化的国际象棋棋手,它被称为 The Turk,The Turk 的形象被印刷在邮票上,如图 1.2 所示。The Turk 是一台智能机器,可以和人类对手对弈。实际上,有一个人类棋手藏在机器的支撑箱中,由他来操作机器移动棋子。不妨想一下,一定有一个微型的潜望镜或小孔,可以让这个隐藏的国际象棋"玩家"看见棋盘的情况。The Turk 这个名字很奇怪,它源自德语单词 Schachtürke,意思是"自动棋手"。这个隐藏在盒子中的人通常都是下棋高手,可以在多场比赛中取得胜利,包括与拿破仑·波拿巴(Napoleon Bonaparte)和本杰明·富兰克林(Benjamin Franklin)的对弈。而真正的"智能象棋棋手"在很多年以后才出现。

图 1.2　印有 The Turk 形象的邮票

1943 年,麦克洛奇(McCulloch)和匹兹(Pitts)提出了一种名为"感知机"的数学模型,它是基于生物脑细胞结构的抽象。他们在论文中详细描述了神经元细胞如何像电子电路一样以二进制的方式传递神经信号。不仅如此,研究表明,神经元细胞能够随着时间的变化动态地改变自身,也就是说,可以动态地对外部刺激做出响应。这篇论文是神经网络领域的开山之作,后面的章节将更详细地讨论这个话题。

1947 年,艾伦·图灵(Alan Mathison Turing)写道:在我看来,如何制造出更大容量的内存比实现更快的运算速度更为重要。出于商业目的,机器的工作速度越快,其商业价值越高,但是如果进行复杂琐碎的工作,则需要大容量的存储空间。因此,存储能力是更基本的要求。

第二次世界大战期间,图灵破译了德国的恩尼格玛密码机(Enigma),这加快了第二次世界大战的结束。他认为与计算速率相比,存储容量将成为未来所有的"智能"前提。

1951 年，马文·明斯基（Marvin Minsky）和他的同学迪恩·埃德蒙兹（Dean Edmonds），根据麦克洛奇和匹兹的论文模型设计并建立了一台基于感知机的计算机，这台计算机被称为随机神经模拟加固计算机（Stochastic Neural Analog Reinforcement Computer, SNARC），由 40 个真空管"神经元"组成。这些"神经元"可以控制外部的阀门、电机、齿轮、离合器和执行器。这个系统是一个随机连接的 Hebb 突触网络，构成了一台神经网络学习机。SNARC 可能是第一台具备自我学习能力的机器。它能成功地模拟老鼠穿越迷宫寻找食物的行为。它的系统具有一些基本的"学习"能力，可以让老鼠最终走出迷宫。

人工智能发展的一个重大转折点发生在 1956 年的达特茅斯学院人工智能会议上。这次会议由马文·明斯基、约翰·麦卡锡（John McCarthy）和克劳德·香农（Claude Shannon）联合发起，会议的主题是探讨人工智能方向的新研究领域。克劳德·香农常被称为"信息论之父"，这是对他在声名远扬的贝尔实验室完成的杰出工作表达的敬重之情。

约翰·麦卡锡也不是泛泛之辈，他第一个提出"人工智能"的概念，同时也创建了 Lisp 编程语言。他对 ALGOL 语言编程设计和计算机分时系统的发展做出了重大贡献，后者奠定了现代计算机网络的基础。此外，明斯基和麦卡锡一起组建了世界上第一个人工智能实验室，即现在的麻省理工学院计算机科学与人工智能实验室。

回到 1956 年的达特茅斯学院人工智能会议上，在这次会议上麦卡锡给出了人工智能的经典定义。据作者了解，这仍然是大多数人在定义 AI 时使用的"黄金标准"。

人工智能是一门制造智能机器，特别是智能计算机程序的学科。它与使用计算机来理解人类智能类似，但人工智能并不局限于生物学上可观察到的方法。

麦卡锡在这个定义中使用了"人类智能"这个短语，后文会进一步探讨它。这次会议还提出了人工智能的许多基本概念，虽然无法在本书中逐一论述，但强烈建议感兴趣的读者自行查阅相关资料以了解学习。

20 世纪 60 年代是人工智能研究发展迅速的十年。可以说，纽厄尔（Newell）和西蒙（Simon）详细阐述了一般问题的求解（General Problem Solver）算法。这种方法同时使用了计算机和人类解决问题的技术。遗憾的是，当时的计算机技术还在发展，内存容量和计算速度都无法满足这个算法的要求。最终这个项目被放弃，但并不是因为它的理论不正确，而是因为实现它所需的硬件要求暂时无法满足。

20 世纪 60 年代，AI 领域内另一个重要的突破是洛特菲·扎德（Lofti Zadeh）提出了模糊集合和逻辑的概念，从而演变出名为模糊逻辑的人工智能分支。扎德认为计算机能以一种更像人类的模糊逻辑方法来表现，而不是必须以一种精确的、离散的逻辑模式来表现。

20 世纪 60 年代的一项研究表明：计算机可以模拟人脑。当然，在那个时代不存在模仿人类大脑的实际功能的计算能力，这使得很多人觉得人工智能无法继续发展。

模仿或以某种方式复制人脑的工作过程，并将这种功能放入机器，被称为经典人工智能方法。但也有许多研究者认为机器应该以自己的方式变得智能化，而不是单纯地模仿人类，这种方法也被称为现代人工智能。这两种方法在人工智能社区内部产生了严重分歧。

20世纪60年代后期，研究人员对计算机如何通过使用自然语言而不是计算机代码来与人交互做了很多工作。在此期间，约瑟夫·维森鲍姆（Joseph Weizenbaum）创建了ELIZA计划。虽然按当今的标准来说，它还是很原始的，但它仍然能够"愚弄"一些用户，让用户以为他们正在和"人"而不是机器交谈。ELIZA项目引发了一个非常有趣的争论，即如何确定一台机器是否达到某种程度的"智能"。在1950年 *Journal of Computing Machinery and Intelligence* 杂志的一篇文章中，图灵阐述了机器已经达到智能化的状态的充分条件。他认为，如果机器能够成功地欺骗一个知识渊博的人类观察者，即让他无法分辨交谈对象是机器还是人，那么这台机器就可以被认为是智能的。当然，谈话必须用中立的沟通渠道以避免声音或外表等明显线索暴露测试主体。即使到了今天，图灵测试仍然是一个合理的基准。人们甚至可以使用现代的高效语音识别、合成技术来进一步"愚弄"观察者。图灵测试在哲学家和其他研究智力本质以及对此感兴趣的学者中仍然存在争议。

20世纪70年代，由于计算技术发展缓慢，AI没有太大的进展。虽然人们对自然语言处理和图像识别及分析非常感兴趣，但遗憾的是，研究人员可用的计算资源十分有限，不能胜任这些艰巨的任务。这使人们意识到，计算机科学的进步是人工智能发展的先决条件。此外，也出现了反对AI的哲学观点，包括约翰·塞尔（John Searle）提出著名的"中文房间"的说法。明斯基反对塞尔的假设，同时，麦卡锡认为人类的智慧与机器智能应以不同的方式处理。

20世纪80年代，由于个人计算机的出现，许多研究者开始关注麦卡锡的方法，人工智能也有了进一步的发展。在这个时间段诞生了专家系统，并在商业和工业/制造部门得到了实际应用，在后面的章节中将会演示几个专家系统的应用。经典的人工智能方法也得到了进一步研究；同时，人工智能正逐步被认可，也许是因为它被用于许多实际场景中。巧合的是，机器人和仿真机器人的发展在这一段时间也有了很大的进展。人工智能研究自然被这个领域所吸引，因为两者之间看起来是完全互补的。随着现代计算技术的巨大进步，人工智能进入实用时代。此时，摩尔定律的真正影响才显现出来。摩尔定律由英特尔公司的创始人戈登·摩尔（Gordon Moore）于1965年提出，具体内容是，"当价格不变时，集成电路每英寸可容纳的元器件的数目，约每隔一年便会增加一倍，性能也将提升一倍"。电子元器件密度的指数增长与计算机性能的提高密切相关，这对于AI的改进和发展非常重要。

人工智能发展的重要里程碑是，1997年IBM的计算机"深蓝"在与世界冠军国际象棋大师加里·卡斯帕罗夫（Garry Kasparov）的比赛中获得胜利。尽管这场胜利令人印象深刻，但是也应认识到它并不能解决所有棋盘游戏的问题，如中国传统棋盘游戏——

围棋。

回望人工智能的发展,1997 年 IBM 计算机"深蓝"在与世界冠军国际象棋大师加里·卡斯帕罗夫(Garry Kasparov)的比赛中获得胜利;2016 年谷歌研发的 AI AlphaGo 以 4∶1 战胜职业棋手李世石,时隔一年,Alpha Go 再次战胜世界围棋等级分第一的柯洁;2023 年 Chat GPT 以优秀的语言和逻辑能力让人工智能再次爆火出圈。尽管这些胜利令人印象深刻,但是我们也应认识到人工智能并不能解决所有类型的问题。我们无法让没有重新设计过的"深蓝"学会围棋,也不能让未经训练的 Alpha Go 学会下象棋,使用 Chat GPT 内核的 Bing 尽管在实际使用过程中表现出情绪,但它也会受限于它的奖励模型和输出规则。因为机器的快速性更容易胜任某些工作,所以人创造了人工智能,并根据自己的需求设计人工智能,以求得更高的工作效率和质量。

1.2 智能、AI 与推理

本次授课的目的和要求:

- 了解智能、AI 与推理等

本次授课的重点、难点及解决措施:

- 重点:什么是 AI 与推理
- 难点:专业词汇的深入掌握
- 解决措施:查阅课外资料,加深了解

本次授课采用的教学方式、方法:

讲授、事例

本次授课采用的教具、挂图及工具:

无

课后作业内容与预估计完成时间:

- 预计完成时间:30 分钟
- 查找相关资料
- 预习下一节内容

思考一分钟:

智能是如何被定义的? AI 的强与弱,广义与狭义之间有何区别? 推理的本质是什么?

本次课的小结与改进措施:

1.2.1 智能

"智能的本质是什么?"始终是 AI 入门课程的一个主题。学生们经常陷入如何定义智能以及如何认识智能的问题中。通常情况下,探索智能的结果就是创造出一个几乎无休止的问题黑洞。例如:

- 老鼠是智能的吗?
- 对于机器来说,智能意味着什么?
- 海豚是海洋中最聪明的哺乳动物吗?
- 外星人如何认知地球上的智慧体?

我们可以提出无数类似的问题,也许回想起来,刚刚创建这样的问题是智能的一种明确表现,由此读者可以明白,通过循环推理的意义。事实证明,给智能下一个通俗的定义是很难的。智能在在线 Meriam - Webster 字典中的定义如下:

(1) 学习、理解或应对新的情况的能力——理性,以及理性地运用理性;运用知识来操纵环境或以客观标准进行抽象思考的能力(如测试)。

(2) 聪明的实体;聪明的头脑或头脑中的智慧。

(3) 理解的行为——理解力。

(4) 信息、新闻;关于敌人或可能的敌人或地区的信息;一家从事获取这类信息行为的机构。

(5) 执行计算机功能的能力。

根据上面的定义,会发现字典编撰者试图从多个方面定义智能,包括人性、精神等,尤其是第 5 点的定义:执行计算机功能的能力。

在线 Macmillan 字典提供了更简洁的定义:智能是了解和思考事物,获取和使用知识的能力。

如果查看其他字典中关于智能的定义,就会发现,几乎每本字典都有自己的定义范畴。这也客观说明智能的定义涉及多个方面,很难有一个公认的定义。

智能也与感性输入和输出有关。例如,人类具有功能强大的大脑以及五个感官系统:视觉、听觉、味觉、触觉和嗅觉。这些感官系统使得我们"智能"。当然,事实证明:即使人类的某些感官系统有缺陷,但智力不会受到太大的影响。正如人的身体可以针对某些器官受到伤害做出适应性的调整一样,人类智力也可以做出不同的反应。失去说话的能力并没有让霍金成为白痴。拥有步行、跑步、开车或驾驶飞机的能力,让人类可以有更多机会探索和了解外部环境,从而扩大获取知识和经验的来源,但不一定会使得人类更加智能——除非认为知识和智能是同义词。

研究动物以及它们是否智能只是一个小小的飞跃。鸟类可以在天空中自由飞翔,因此相比人类而言它们有更好的视野。这是否意味着鸟类的智力会比人类更高呢? 显然,这是不确定的,这也引出了接下来的话题。动物智能和机器智能不应该与人类智能相比较,就像将橘子与苹果做比较,没有意义。前面讨论的目的是重申现代人工智能技术的前提:机器智能应该被单独考虑,而不是与人类智能相比较。基于这个前提,我们探索人工智能的发展应用,但不期望也不需要模仿或模拟人类的智慧。

1.2.2　强 AI 与弱 AI,广义 AI 与狭义 AI

通常根据 AI 的特点,对现有的 AI 进行分类,以达到人类最高智力水平为目标的 AI,称为强人工智能。可以推测传统人工智能的支持者也会赞同这一术语。强与弱形成鲜明的对比。弱 AI 是使实际的人工智能系统能够有效运作,而不考虑模拟人类的行为,这种方法也称为现代方法。虽然不知道这些强与弱的定性何时产生,但是它们应该得到同等的重视和认可。这里只介绍这些术语,如果阅读了关于人工智能应用的文章,就会明白它们的重要性。本书对这两种说法都不采用,相反,只关注人工智能的应用——无论它们强或弱。

另一对术语是广义 AI 和狭义 AI。广义 AI 关心的是一般情况,而不是特定的任务或应用。作者认为广义的人工智能和强 AI 拥有一种自然的联系,这两者都与人类的推理和思考相关。狭义 AI 专注于应用于具体的任务,不具有鲁棒性。当然也有例外,谷歌已经开发出一套非常优秀的系统,能够识别或描述"物体"。谷歌应用程序是广义和狭义 AI 的结合体。亚马逊同样开发了一套智能推荐系统,这套系统可以根据已有的客户信息给予客户更好的商品推荐信息,如图 1.3 所示。

图 1.3　人工智能词云

1.2.3　推理

在之前的讨论中,提到了原因和推理,但是推理和人工智能有什么关系呢?推理是对事物的探索延伸。原因指的是思考事物或思想是如何联系在一起的。下面的一些例子可以帮助阐明作者想表达的想法:
- 学习是基于现有知识集进行检查或讨论,构建新知识集的过程。无论是否基于现实,这种情况下的集合是任何数据的集合。

- 语言的使用无论是将词汇转换到书面语言,还是口头语言,都是用来表达真情实感的。
- 基于逻辑的推论意味着逻辑关系决定某些事物是否为真。
- 基于证据的推论意味着根据所有现有支持性证据来确定某些事情是否属实。
- 自然语言生成的主要目的是降低人类和机器之间的沟通鸿沟,将非语言格式的数据转换成人类可以理解的语言格式。
- 解决问题是确定如何实现既定目标的过程。

这些活动都必须涉及推理才能取得令人满意的最终结果。请注意,在上述例子中没有一项将推理仅限于人。其中一些活动是可以由机器实现的,在某些情况下,甚至是动物。有很多实验已经令人满意地证明动物可以解决问题,特别是如果涉及食物的话。

最近,声控互联网设备的数量激增,包括亚马逊的 Alexa、微软的 Cortana、苹果的 Siri 和谷歌的 Home 等。这些都是在智能设备上安装的独立设备或应用程序。在任何情况下,它们都能很好地识别声音,并转换为可操作的指令。最后,以一种高度可理解的格式将结果传递给用户,通常是谈吐文雅的女性声音。这些设备/应用程序必须使用某种推理逻辑来执行它们的预期功能,即使不理解用户的请求也要做出相应的回答。

1.3 人工智能的分类

本次授课的目的和要求:

- 了解人工智能的分类

本次授课的重点、难点及解决措施:

- 重点:人工智能的分类
- 难点:专业词汇的深入掌握
- 解决措施:查阅课外资料,加深了解

本次授课采用的教学方式、方法:

讲授、事例

本次授课采用的教具、挂图及工具:

无

课后作业内容与预估计完成时间:

- 预计完成时间:20 分钟
- 查找相关资料
- 预习下一节内容

思考一分钟：

本章一共提到了多少种人工智能类型？它们的共同点是什么？

本次课的小结与改进措施：

下面列举了现代人工智能的大部分类别。当然，这并不是全部类别，还有部分类别如人工智能的历史和哲学未罗列。

(1) 情感计算：研究和开发可识别、解释、处理和模拟人类影响的系统和设备。

(2) 人工免疫系统：基于规则的智能机器学习系统，主要基于脊椎动物免疫系统中的固有原理和过程。

(3) 聊天机器人：一种会话代理或计算机程序，用于模拟通过文本或音频通道与一人或多人进行智能会话。

(4) 认知架构：关于人的思维结构的理论。其中一个主要目标是将认知心理学的概念纳入综合计算机模型。

(5) 计算机视觉：涉及计算机如何从数字图像或视频获得高层次理解的跨学科领域。

(6) 进化算法(Evolutionary Computing)：进化算法是基于达尔文进化论延伸而来的。进化算法是基于三元组的问题求解，并使用元启发式或全局随机方法求得。

(7) 游戏人工智能(Gaming AI)：人工智能在游戏中用于产生智能行为，主要是在非玩家角色(Non-Player Character,NPC)的设计中模拟人类智能。

(8) 人机交互(Human Computer Interaction,HCI)：HCI研究计算机技术的设计和使用，重点研究人(用户)与计算机之间的接口。

(9) 智能助理(Intelligent Personal Assistant,IPA)：一种可以为个人执行任务或服务的软件代理。这些任务或服务通常基于用户的输入、位置信息以及从各种在线来源访问信息的能力。这种代理的例子包括苹果的 Siri、亚马逊的 Alexa、Evi、谷歌的 Home、微软的 Cortana、Lucida、Braina(Brainasoft 为 Windows 系统开发的应用程序)、三星的 Voice 和 LG G3 的 Voice Mate。

(10) 知识工程(Knowledge Engineering)：指在构建、维护和使用以知识为基础的系统方面所涉及的所有技术、科学。

(11) 知识表示(Knowledge Representation,KR)：致力于用计算机系统解决复杂任务的形式来表示世界的信息，如鉴别医疗条件或用自然语言进行会话。

(12)逻辑编程(Logic Programming):一种主要基于形式逻辑的编程。任何用逻辑编程语言编写的程序都是一组逻辑形式的句子,表达了一些问题域的事实和规则。主要的逻辑编程语言有 Prolog、ASP(Answer Set Programming)和 Datalog。

(13)机器学习(Machine Learning,ML):在人工智能环境中,机器学习提供了计算机在没有明确编程的情况下学习的能力。浅度学习和深度学习是两个主要的子领域。

(14)多代理系统(Multi – Agent System):多代理系统是由多个相互作用的智能代理组成的计算机系统。

(15)机器人技术(Robotics):机器人技术是工程和科学的跨学科分支,包括机械工程、电子工程、计算机科学和人工智能等。

(16)机器人(Robots):机器人是一种机器,特别是指由计算机可编程的机器,它能够自主地完成一系列复杂的动作。

(17)规则引擎系统(Rule Engines Systems):基于规则的系统用于存储和操作知识,以一种有用的方式来解释信息。

(18)图灵测试(Turing Test):图灵测试是由图灵于1950年开发的一种判断机器是否具有与人类相同智力的测试。

虽然本节并未涵盖所有的现代人工智能研究和活动,但它确实突出了大多数重要的研究和活动。本门课程展示这些类别中的一部分,但可以说明如何使用相对简单的计算机资源实现人工智能。

1.4 人工智能和大数据

本次授课的目的和要求:
- 了解人工智能和大数据

本次授课的重点、难点及解决措施:
- 重点:人工智能与大数据的关系
- 难点:专业词汇的深入掌握
- 解决措施:查阅课外资料,加深了解

本次授课采用的教学方式、方法:

讲授、事例

本次授课采用的教具、挂图及工具:

无

课后作业内容与预估计完成时间:
- 预计完成时间:20 分钟

- 查找相关资料
- 预习下一节内容

思考一分钟：

大数据和人工智能间是怎样的关系？

本次课的小结与改进措施：

　　大多数人都听说过"大数据"这个词，但可能不知道它是什么，它是如何影响现代社会的。有很多关于大数据的定义，就像人工智能有很多定义一样。作者喜欢的定义相当简单：一个数据集合，其特征是数据量庞大、更新速度快且类型丰富。

　　上述定义中提到的数据量庞大指的是数据通常是用 PB 来计量的，其中 1PB 约等于 104 万 GB。更新速度指的是数据创建和生成的快慢。人们只需要打开 Facebook，就能体会到成千上万个在线用户不断创建新内容的速度。最后，定义中的类型丰富指的是构成巨大数据流的各种数据类型，包括图片、视频、音频，以及普通文本。上传至 Facebook 的每张照片平均可能需要 4~5 MB 的存储空间。将这些照片的大小乘以数百万不断上传的数量，就会意识到大数据的本质。那么人工智能是如何影响大数据的呢？答案是：应用于大数据时，人工智能学习系统可以让用户从巨大而嘈杂的输入中提取有用的信息。

　　能够处理大数据的典型计算机系统由数千个处理器组成，它们以一种并行的方式协同工作，极大地加快了通常称为 MapReduce 的数据还原过程。IBM 的沃森（Watson）计算机就是这样一个系统的典型例子。它通过使用一个基于规则的引擎来实现专家医疗系统，并处理成千上万条医疗记录。最终的结果是：计算机系统可以帮助医生诊断疾病或提示相关疾病，而这些疾病并没有明显与已知疾病相关的症状。

　　亚马逊的网站上集成了一个令人印象深刻的人工智能系统，该系统可以很容易地对每一个潜在或实际的客户进行详细的描述，这些用户可以反复访问其网站。它将客户的搜索与其他搜索或询问类似产品的客户的搜索相匹配。它还会进一步尝试根据过去的搜索和订单来预测一个网站的访问者可能会感兴趣的内容。亚马逊系统所使用的所有数据都是事务性的，主要是识别潜在客户的利益。这种交易数据也被认为是大数据，是亚马逊人工智能计算机系统的主要输入。输出是前面提到的配置文件，但也可能被认为是与潜在客户或实际客户关联的一组字符，例如，一个网站的建议可能看起来如下：

　　你可能对 Robert Anson Heinlein 的书 *The Moon is a Harsh Mistress* 感兴趣，因为你买了以下书：

- *Full Moon*

- *Star Wars: The Empire Strikes Back*
- *The Shawshank Redemption*

这些看似无关的书籍可能表明,顾客对某些话题有兴趣,包括月球、外太空的冲突、监狱里的不公正等,所有这些可能在某种程度上受到海因莱因(Heinlein)的书的影响(顺便说一下,海因莱因的书在 1967 年获得了最佳科幻小说雨果奖)。如果想在客户买过的图书和海因莱因的书籍之间建立一种模糊的联系,就需要做认真的计算分析以及拥有丰富的数据来源。

AI 的领域范畴是研究、开发用于模拟、延伸和扩展人的智能的理论、方法、技术及应用系统的一门新的技术科学。

大数据技术主要是围绕数据本身进行一系列的价值化操作,包括数据的采集、整理、存储、安全、分析、呈现和应用等。大数据技术与物联网、云计算都有密切的联系,物联网为大数据提供了主要的数据来源,而云计算则为大数据提供了支撑平台。

人工智能目前还处在初级阶段,主要的研究方向集中在自然语言处理、知识表示、自动推理、机器学习、计算机视觉和机器人学等 6 个方面。人工智能是典型的交叉学科,涉及哲学、数学、计算机、经济学、神经学、语言学等诸多领域。

1.4.1　大数据与人工智能的关系

大数据和人工智能虽然关注点不相同,但关系密切,可以这样说,大数据是人工智能的基石和动力。大数据和人工智能中的深度学习是密不可分的,有了大量数据,作为深度学习的"学习资料",计算机可以从中找到规律、海量数据,加上算法的突破和计算力的支撑让人工智能获得突破、走向应用。

总的来说,人工智能和大数据是相互依赖的。一是人工智能需要大量的数据作为"思考"和"决策"的基础;二是大数据也需要人工智能技术进行数据价值化操作,比如机器学习就是数据分析的常用方式。在大数据价值的两个主要体现当中,数据应用的主要渠道之一就是智能体(人工智能产品)。

人工智能就是大数据应用的体现,是大数据、云计算的应用场景。没有大数据就没有人工智能,人工智能应用的数据越多,其获得的结果就越准确。

1.4.2　大数据与人工智能前景的比较

目前大数据相关技术已经趋于成熟,相关的理论体系已经逐步完善,而人工智能尚处在行业发展的初期,理论体系依然有巨大的发展空间。从学习的角度来说,从大数据开始学习是个不错的选择,从大数据过渡到人工智能也会相对比较容易。

在就业前景方面,大数据相关的岗位偏向于工程化,人工智能相关的岗位偏向于算法化。如果你在算法以及数学方面比较薄弱,大数据对于你来说,就业前景会更好。

如果个人不喜欢工程开发,数学方面底子比较好,同时对机器学习相关的算法很感兴趣，那么可以从事人工智能领域，对未来的发展会更好。

人工智能和大数据专业都是发展前景非常好的专业，专业人才缺口巨大。至于哪个专业好，主要还是看个人兴趣，毕竟兴趣才是最好的老师。两个专业的专业课各有侧重，在应用上又有紧密的联系。在人工智能的研究中，需要有大数据技术的支撑，大量的数据样本来训练，才能更好地应用人工智能。总的来说，两个技术之间并不存在孰优孰劣的问题，发展空间都非常大。

大数据时代各种技术日新月异，想要保持竞争力就必须不断学习。

第 2 章　Python 基础知识

2.1　Python 虚拟环境与库安装方法

本次授课的目的和要求：

- 了解 Python 虚拟环境与库安装方法

本次授课的重点、难点及解决措施：

- 难点：Python 虚拟环境与库安装方法
- 解决措施：查阅课外资料，加深了解，动手实验，提高学习效率

本次授课采用的教学方式、方法：

讲授、实验

本次授课采用的教具、挂图及工具：

Python 3.6 + cmd.exe

课后作业内容与预估计完成时间：

- 预计完成时间：30 min
- 查找相关资料
- 复现实验环境与结果
- 预习下一节内容

思考一分钟：

什么是虚拟环境？虚拟环境和库如何安装？

本次课的小结与改进措施：

Python 应用程序通常会使用不在标准库内的软件包和模块。应用程序有时需要特定版本的库,因为应用程序可能需要修复特定的错误,或者可以使用库的过时版本的接口编写应用程序。

这意味着一个 Python 安装可能无法满足每个应用程序的要求。如果应用程序 A 需要特定模块的 1.0 版本但应用程序 B 需要 2.0 版本,则需求存在冲突,安装版本 1.0 或 2.0 将导致某一个应用程序无法运行。

这个问题的解决方案是创建一个虚拟环境(Virtual Environment),其中有一个目录树,且安装有特定 Python 版本,以及许多其他包。

不同的应用可以使用不同的虚拟环境。要解决先前需求相冲突的例子,应用程序 A 可以拥有安装了 1.0 版本的虚拟环境,而应用程序 B 则可以拥有安装了 2.0 版本的另一个虚拟环境。如果应用程序 B 要求将某个库升级到 3.0 版本,也不会影响应用程序 A 的环境。

2.1.1 创建虚拟环境

用于创建和管理虚拟环境的模块称为 venv。venv 通常安装可用的最新版本 Python。如果系统上有多个版本的 Python,可以通过运行 Python 3 或任何版本来选择特定的 Python 版本。

要创建虚拟环境,需要确定要放置它的目录,并将 venv 模块作为脚本运行目录路径:

python3 – m venv tutorial – env

这将创建 tutorial – env 目录,如果它不存在的话,并在其中创建包含 Python 解释器副本和各种支持文件的目录。

虚拟环境的常用目录位置是.venv。这个名称通常会令该目录在终端中保持隐藏,从而避免命名需要对所在目录进行额外解释的一般名称。它还能防止与某些工具所支持的.env 环境变量定义文件发生冲突。

创建虚拟环境后,可以激活它。

在 Windows 系统中,运行:tutorial – env\Scripts\activate.bat

在 Unix 或 MacOS 系统中,运行:source tutorial – env/bin/activate

(这个脚本是为 bash shell 编写的。如果使用 csh 或 fish shell,应该改用 activate.csh 或 activate.fish 脚本。)

激活虚拟环境将改变所用终端的提示符,以显示正在使用的虚拟环境,并修改环境以使 Python 命令所运行的是已安装的特定 Python 版本,如图 2.1 所示。

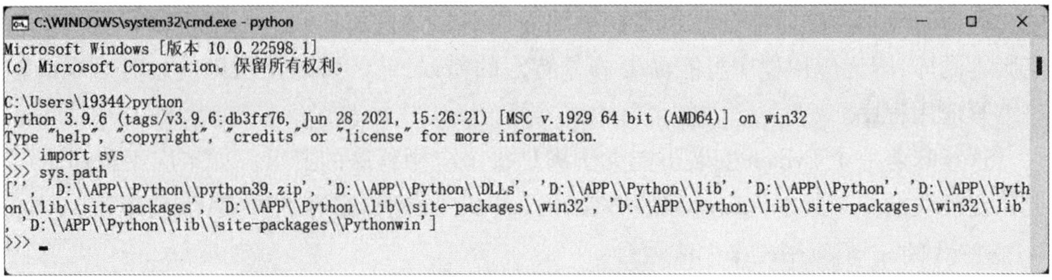

```
C:\WINDOWS\system32\cmd.exe - python
Microsoft Windows [版本 10.0.22598.1]
(c) Microsoft Corporation。保留所有权利。

C:\Users\19344>python
Python 3.9.6 (tags/v3.9.6:db3ff76, Jun 28 2021, 15:26:21) [MSC v.1929 64 bit (AMD64)] on win32
Type "help", "copyright", "credits" or "license" for more information.
>>> import sys
>>> sys.path
['', 'D:\\APP\\Python\\python39.zip', 'D:\\APP\\Python\\DLLs', 'D:\\APP\\Python\\lib', 'D:\\APP\\Python', 'D:\\APP\\Pyth
on\\lib\\site-packages', 'D:\\APP\\Python\\lib\\site-packages\\win32', 'D:\\APP\\Python\\lib\\site-packages\\win32\\lib'
, 'D:\\APP\\Python\\lib\\site-packages\\Pythonwin']
>>>
```

图 2.1　命令窗口运行 **Python**

2.1.2　使用 pip 管理包

可以使用一个名为 pip 的程序来安装、升级和移除软件包。默认情况下 pip 将从 Python Package Index < https://pypi.org > 下安装软件包。可以在 WEB 浏览器中查看 Python Package Index。

pip 有许多子命令：install、uninstall 和 freeze 等。（请在安装 Python 模块指南页查看完整的 pip 文档。）

可以通过指定包的名称来安装最新版本的包，具体信息如下：

(tutorial-env) \$ python -m pip install novas

Collecting novas

Downloading novas-3.1.1.3.tar.gz (136kB)

Installing collected packages: novas

Running setup.py install for novas

Successfully installed novas-3.1.1.3

还可以通过提供包名称后跟 = = 和版本号来安装特定版本的包，如图 2.2 所示。

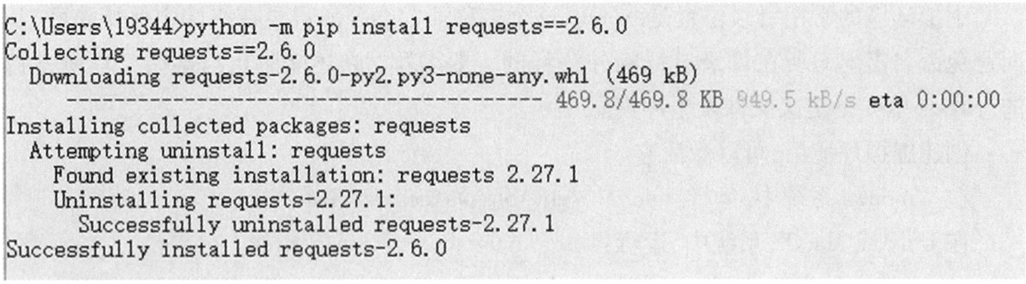

```
C:\Users\19344>python -m pip install requests==2.6.0
Collecting requests==2.6.0
  Downloading requests-2.6.0-py2.py3-none-any.whl (469 kB)
     ──────────────────────────────────── 469.8/469.8 KB 949.5 kB/s eta 0:00:00
Installing collected packages: requests
  Attempting uninstall: requests
    Found existing installation: requests 2.27.1
    Uninstalling requests-2.27.1:
      Successfully uninstalled requests-2.27.1
Successfully installed requests-2.6.0
```

图 2.2　安装特定版本包

如果重新运行这个命令，pip 会注意到已经安装了所请求的版本并且什么都不做。pip 可以提供不同的版本号来获取该版本，或者可以运行 pip install -upgrade 将软件包升级至最新版本，如图 2.3 所示。

図 2.3 软件包升级至最新版本

pip uninstall 后跟一个或多个包名称将从虚拟环境中删除包。

pip show 将显示有关特定包的信息，如图 2.4 所示。

图 2.4 **pip show** 显示特定包信息

pip list 将显示虚拟环境中安装的所有软件包，如图 2.5 所示。

图 2.5 虚拟环境中所有软件包

可以将 requirements.txt 作为应用程序的一部分提供给 pip 的 install 命令提供。然后用户可以使用 install -r 安装所有必需的包。安装运行信息显示如下：

```
(tutorial-env) \$ python -m pip install -r requirements.txt
Collecting novas= =3.1.1.3 (from -r requirements.txt (line 1))
...
Collecting numpy= =1.9.2 (from -r requirements.txt (line 2))
...
Collecting requests= =2.7.0 (from -r requirements.txt (line 3))
...
  Installing collected packages: novas, numpy, requests
  Running setup.py install for novas
Successfully installed novas-3.1.1.3 numpy-1.9.2 requests-2.7.0
```

pip 有更多选择。有关 pip 的完整文档,请参阅 Python 模块指南。当编写一个包并希望在 Python 包索引中使它可用时,请参考 Python 模块指南。

2.2 Python 流程控制语法

本次授课的目的和要求：

- 了解 Python 流程控制语法

本次授课的重点、难点及解决措施：

- 重点：运行 python 环境,理解基础语法
- 难点：每种语句的作用与用法
- 解决措施：查阅课外资料,加深了解,动手实验,提高学习效率

本次授课采用的教学方式、方法：

讲授、实验

本次授课采用的教具、挂图及工具：

Python 3.6+、IDLE

课后作业内容与预估计完成时间：

- 预计完成时间：60 分钟
- 查找相关资料
- 复现实验环境与结果
- 预习下一节内容

思考一分钟:

本小节学了哪些语句?各个语句分别有什么作用?

本次课的小结与改进措施:

2.2.1 if 语句

Python 中,最让人耳熟能详的应该是 if 语句。例如:

```
x = int(input("Please enter an integer: "))
if x < 0:
    x = 0
        print('Negative changed to zero')
elif x == 0:
    print('Zero')
elif x == 1:
    print('Single')
    else:
    print('More')
```

程序执行结果为:

```
Please enter an integer: 0
Zero
```

if 语句包含零个或多个 elif 子句,及可选的 else 子句。关键字 elif 是 else if 的缩写,适用于避免过多的缩进。可以把 if…elif…elif…序列看作其他语言中 switch 或 case 语句的替代品。

如果要将同一个值与多个常量进行比较,或是要检查特定类型或属性,match 语句是很有用的。更多细节请参阅 match 语句。

2.2.2 for 语句

Python 的 for 语句与 C 语言或 Pascal 中的不同。Python 的 for 语句不是迭代算术递增数值(如 Pascal),或是给予用户定义迭代步骤和暂停条件的能力(如 C 语言),而是迭代列表或字符串等任意序列,元素的迭代顺序与在序列中出现的顺序一致。例如:

```
# Measure some strings:
words = ['cat', 'window', 'defenestrate']
```

```
for w in words:
    print(w, len(w))
```

程序执行结果为:

```
cat 3
window 6
defenestrate 12
```

遍历某个集合的同时修改该集合的内容,很难获取想要的结果。要在遍历时修改集合的内容,应该遍历该集合的副本或创建新的集合。例如:

```
# Create a sample collection
users = {'Hans': 'active', '?léonore': 'inactive', '景太郎': 'active'}

# Strategy: Iterate over a copy
for user, status in users.copy().items():
    if status == 'inactive':
        del users[user]

# Strategy: Create a new collection
active_users = {}
for user, status in users.items():
    if status == 'active':
        active_users[user] = status
```

2.2.3 range()函数

内置函数 range()常用于遍历数字序列,该函数可以生成算术级数。例如:

```
for i in range(5):
    print(i)
```

程序执行结果为:

```
0
1
2
3
4
```

生成的序列不包含给定的终止数值;range(10) 生成 10 个值,这是一个长度为 10 的序列,其中的元素索引都是合法的。range 可以不从 0 开始,还可以按指定幅度递增(递增幅度称为"步进",支持负数)。例如:

```
list(range(5,10))
list(range(0,10,3))
list(range(-10, -100, -30))
```

range()和 len()组合在一起,可以按索引迭代序列。例如:
```
>>> a = ['Mary', 'had', 'a', 'little', 'lamb']
>>> for i in range(len(a)):
...     print(i, a[i])
```
程序执行结果为:

0 Mary

1 had

2 a

3 little

4 lamb

不过,大多数情况下,enumerate()函数更便捷,详见循环语句的介绍。

如果只输出 range,会出现意想不到的结果。例如:
```
>>> range(10)
```
程序执行结果为:

range(0, 10)

range()返回对象的操作和列表很像,但其实这两种对象不是一回事。迭代时,该对象基于所需序列返回连续项,并没有生成真正的列表,从而节省了空间。

这种对象称为可迭代对象 iterable,函数或程序结构可通过该对象获取连续项,直到所有元素全部迭代完毕。for 语句就是这样的架构,sum()是一种把可迭代对象作为参数的函数。例如:
```
>>> sum(range(4))   #0 + 1 + 2 + 3
```
程序执行结果为:

6

下文将介绍更多返回可迭代对象或把可迭代对象当作参数的函数。在下一章节中,将讨论有关 list()的更多细节。

2.2.4　循环中的 break、continue 语句及 else 子句

break 语句与 C 语言中的类似,用于跳出最近的 for 或 while 循环。

循环语句支持 else 子句;for 循环中,可迭代对象中的元素全部循环完毕时,或 while 循环的条件为假时,执行该子句;break 语句终止循环时,不执行该子句。请看下面这个查找素数的循环示例:
```
>>> for n in range(2, 10):
...     for x in range(2, n):
...         if n % x == 0:
...             print(n, 'equals', x, '*', n//x)
...             break
...     else:
```

```
...          if x = = n - 1
...              print(n, 'is a prime number')
...
```

程序执行结果为：

3 is a prime number

4 equals 2 * 2

5 is a prime number

6 equals 2 * 3

7 is a prime number

8 equals 2 * 4

9 equals 3 * 3

仔细看，else 子句属于 for 循环，不属于 if 语句。

与 if 语句相比，循环的 else 子句更像 try 的 else 子句，try 的 else 子句在未触发异常时执行，循环的 else 子句则在未运行 break 时执行。try 语句用于异常处理的语句。

continue 语句也借鉴自 C 语言，表示继续执行循环的下一次迭代。例如：

```
>>> for num in range(2, 10):
...     if num % 2 = = 0:
...         print("Found an even number", num)
...         continue
...     print("Found an odd number", num)
...
```

程序执行结果为：

Found an even number 2

Found an odd number 3

Found an even number 4

Found an odd number 5

Found an even number 6

Found an odd number 7

Found an even number 8

Found an odd number 9

2.2.5 pass 语句

pass 语句不执行任何操作。语法上需要一个语句，但程序不实际执行任何动作时，可以使用该语句。例如：

```
>>> while True:
...     pass   # Busy-wait for keyboard interrupt (Ctrl+C)
...
```

程序运行结果为：

```
Traceback (most recent call last):
  File "<pyshell#2>", line 2, in <module>
    pass  # Busy-wait for keyboard interrupt (Ctrl+C)
KeyboardInterrupt
>>>
```

下面这段代码创建了一个最小的类。例如：

```
>>> class MyEmptyClass:
...     pass
...
```

程序运行结果为：

```
KeyboardInterrupt
>>>
```

pass 还可以用作函数或条件子句的占位符,让开发者聚焦更抽象的层次。此时,程序直接忽略 pass。例如：

```
>>> def initlog( * args):
...     pass   # Remember to implement this!
...
```

程序运行结果为：

```
KeyboardInterrupt
>>>
```

2.3 列表、元组、字典与集合

本次授课的目的和要求：

- 了解 Python 的数据类型

本次授课的重点、难点及解决措施：

- 重点:学习 Python 的各种数据类型
- 难点:掌握各种数据类型的特点与用法
- 解决措施:查阅课外资料,加深了解,动手实验,提高学习效率

本次授课采用的教学方式、方法：

讲授、实验

本次授课采用的教具、挂图及工具：

Python 3.6 + 、IDLE

课后作业内容与预估计完成时间：

- 预计完成时间:60 min

- 查找相关资料
- 复现实验环境与结果
- 预习下一节内容

思考一分钟：

本节学习了哪些数据类型？各个数据类型的使用环境是什么？

本次课的小结与改进措施：

2.3.1 列表

序列是 Python 中最基本的数据结构,序列中的每个元素都分配一个数字,也就是它的位置或索引,第一个索引是 0,第二个索引是 1……依此类推。

Python 有 6 个序列的内置类型,但最常见的是列表和元组。序列都可以进行的操作包括索引、切片、加、乘、检查成员。此外,Python 已经内置确定序列的长度以及确定最大和最小的元素的方法。列表是最常用的 Python 数据类型,它可以作为一个方括号内的逗号分隔值出现。列表的数据项不需要具有相同的类型。创建一个列表,只要把逗号分隔的不同的数据项使用方括号括起来即可。列表的一般用法如下：

```
list1 = ['frui','male',1989,'python',[2016,2017],'c'] #list 内元素的数据类型可以不同,也可以是另外一个 list
list2 = ['']
print (list1)
```

程序执行结果为：

```
['frui', 'male', 1989, 'python', [2016, 2017], 'c']
```

```
#使用下标索引来访问列表中的值,同样也可以使用方括号的形式截取字符
print (list1[:])
print (list1[0],list1[1])
print (list1[-1],list1[-2])
print (list1[0:3])          #切片,此操作顾头不顾尾
print (list1[:3])
print (list1[-3:])          #切片,从后向前数索引,也只能从左往右切片,同样是顾头不顾尾。(这样会无法取到最后一个元素,思考怎么办?)
```

```
print (list1[0:-1:2]) #按步长切片
print (list1[::2]) #按步长切片
```
程序执行结果为：

```
['frui', 'male', 1989, 'python', [2016, 2017], 'c']
frui male
c [2016, 2017]
['frui', 'male', 1989]
['frui', 'male', 1989]
['python', [2016, 2017], 'c']
['frui', 1989, [2016, 2017]]
['frui', 1989, [2016, 2017]]
```

```
#add
list1.append("linux") #在列表末尾追加元素
list1.insert(1,"linux") #直接把元素插入的指定位置
list1[0] = "jay" #(改)直接替换某个位置元素
```
程序执行结果为：

```
['jay', 'linux', 'male', 1989, 'python', [2016, 2017], 'c', 'linux']
```

```
#delete
list1.pop() #删除 list 末尾的元素
list1.pop(1) #删除指定位置的元素
del list1[0]
list1.remove("python") #此种方法和前两种的区别是什么？
```
程序执行结果为：

```
[1989, [2016, 2017]]
```

```
#查找
print (list1)
print (list1.index(1989)) #查找已知元素的索引
print (list1[list1.index(1989)])
print (list1.count(1989)) #打印某元素在列表中的数量
```
程序执行结果为：

```
2
1989
1
```

```
#其他操作
list1.reverse() #反转整个列表
```

```
print (list1)
list2.sort() #排序 按ASCII码顺序排序,若元素中有list类型,则无法排序,为什么?
print (list2)
list1.clear() #清除整个列表
print (list1)
```

程序执行结果为:

['c', [2016, 2017], 'python', 1989, 'male', 'frui']
[1, 2, 3, 4]
[]

```
#合并
list2 = [1,2,3,4]
list1.extend(list2) #列表合并
print (list1)
    del list2 #删除整个变量
```

程序执行结果为:

['frui', 'male', 1989, 'python', [2016, 2017], 'c', 1, 2, 3, 4]

```
#列表的深浅copy
#浅拷贝只能拷贝最外层,修改内层则原列表和新列表都会变化。
#深拷贝是指将原列表完全克隆一份新的。
import copy
list1 = ['frui','male',1989,'python',[2016,2017],'c']
list2 = list1.copy() #浅copy
list3 = copy.copy(list1) #浅copy,同list1.copy()效果相同
list4 = copy.deepcopy(list1) #深copy,会和list1占用同样大小的内存空间
list1[0] = '自由'
list1[4][0] = 2015
print (list1,'\n',list2,'\n',list3,'\n',list4)
```

程序执行结果为:

['自由', 'male', 1989, 'python', [2015, 2017], 'c']
 ['frui', 'male', 1989, 'python', [2015, 2017], 'c']
 ['frui', 'male', 1989, 'python', [2015, 2017], 'c']
 ['frui', 'male', 1989, 'python', [2016, 2017], 'c']

```
#列表的循环:逐个打印列表元素
list1 = ['frui','male',1989,'python',[2016,2017],'c']
for i in list1:
```

```
print (i)
```
程序执行结果为：
```
frui
male
1989
python
[2016, 2017]
c
```

2.3.2 元组

元组也是存储一组数据，只是一旦创建，便不能修改，所以又称只读列表。元组的创建很简单，只需要在括号中添加元素，并使用逗号隔开即可。例如：

```
tup1 = (1,2,3,4,5)
tup2 = ('frui',27)
tup3 = "a", "b", "c", "d";
tup4 = ()  #创建空元组
tuple5 = (50,) #元组中只包含一个元素时,需要在元素后面添加逗号
tuple6 = (50)
```

如果不加逗号，则定义的不是 tuple，是 50 这个数！这是因为括号()既可以表示 tuple，又可以表示数学公式中的小括号，这就产生了歧义，因此，Python 规定，这种情况下，按小括号进行计算。

元组只有两个方法：count 和 index。tuple 不可变的意义是什么？因为 tuple 不可变，所以代码更安全。如果可能，能用 tuple 代替 list 就尽量用 tuple。

2.3.3 字典

字典是另一种可变容器模型，且可存储任意类型对象。字典的每个键值对用冒号(:)分割，每个对之间用逗号(,)分割，整个字典包括在花括号({})中，格式如下：

```
d = {key1 : value1, key2 : value2}
```

键必须是唯一的，但值则不必。值可以取任何数据类型，但键必须是不可变的，如字符串、数字或元组。

有关字典的程序示例如下：

```
info = {
    'stu1':"Xiao Ming",
    'stu2':"Xiao Liang",
    'stu3':"Xiao Hong",
    'stu4':"Xiao Rui",
}
print (info)
```

机器学习

```
#修改
info['stu2'] = "Xiao Hu"

#增加
info['stu5'] = "Xiao Fang"

#删除
info.pop('stu2')
del info['stu1']
info.popitem() #随机删一个
print (info)
info.clear() #清空字典所有条目
```
程序执行结果为:
```
{'stu1': 'Xiao Ming', 'stu2': 'Xiao Liang', 'stu3': 'Xiao Hong', 'stu4': 'Xiao Rui'}
{'stu3': 'Xiao Hong', 'stu4': 'Xiao Rui'}
{}
```

```
info = {
    'stu1':"Xiao Ming",
    'stu2':"Xiao Liang",
    'stu3':"Xiao Hong",
    'stu4':"Xiao Rui",
}

#查找
print ('stu2' in info) #判断是否存在,存在则返回True,否则返回False
print (info['stu1']) #如果一个key不存在,就报错,get不会,不存在只返回None
```
程序执行结果为:
```
True
Xiao Ming
```

```
#dict.get(key, default=None)
#返回指定键的值,如果值不在字典中返回default值
#比较安全的查找方法
info = {
    'stu1':"Xiao Ming",
    'stu2':"Xiao Liang",
```

```
    'stu3':"Xiao Hong",
    'stu4':"Xiao Rui",
}
info['stu6'] = "Xiao Fang"

#dict.get(key, default = None)
#返回指定键的值,如果值不在字典中返回default
#比较安全的查找方法
print (info.get('stu6'))
```

程序执行结果为：

Xiao Fang

```
info = {
'stu1':"Xiao Ming",
    'stu2':"Xiao Liang",
    'stu3':"Xiao Hong",
    'stu4':"Xiao Rui",
}

#其他
print (info.values()) #打印所有的值(即除了key)
print (info.keys()) #打印所有的key
print (info.items()) #把字典转化为列表
```

程序执行结果为：

```
dict_values(['Xiao Ming', 'Xiao Liang', 'Xiao Hong', 'Xiao Rui'])
dict_keys(['stu1', 'stu2', 'stu3', 'stu4'])
dict_items([('stu1', 'Xiao Ming'), ('stu2', 'Xiao Liang'), ('stu3', 'Xiao Hong'), ('stu4', 'Xiao Rui')])
```

```
info = {
    'stu1':"Xiao Ming",
    'stu2':"Xiao Liang",
    'stu3':"Xiao Hong",
    'stu4':"Xiao Rui",
}

# dict.setdefault(key, default=None)
# 和get()类似,但如果键不存在于字典中,将会添加键并将值设为default
info.setdefault ('class3',{'Xiao Rui', 15})
print (info)
info.setdefault ('class1',{'Xiao Hong', 16})
```

```
print(info)
```

程序执行结果为：

{'stu1': 'Xiao Ming', 'stu2': 'Xiao Liang', 'stu3': 'Xiao Hong', 'stu4': 'Xiao Rui', 'class3': {'Xiao Rui', 15}}
{'stu1': 'Xiao Ming', 'stu2': 'Xiao Liang', 'stu3': 'Xiao Hong', 'stu4': 'Xiao Rui', 'class3': {'Xiao Rui', 15}, 'class1': {16, 'Xiao Hong'}}

```
info = {
    'stu1':"Xiao Ming",
    'stu2':"Xiao Liang",
    'stu3':"Xiao Hong",
    'stu4':"Xiao Rui",
}

#循环打印
for i in info:
    print(i,info[i])
for k,v in info.items():
    print(k, v)
```

程序执行结果为：

```
stu1 Xiao Ming
stu2 Xiao Liang
stu3 Xiao Hong
stu4 Xiao Rui
stu1 Xiao Ming
stu2 Xiao Liang
stu3 Xiao Hong
stu4 Xiao Rui
```

```
#多级字典嵌套及操作
info = {
    'class1':{
        'stu1':["Xiao Ming",16]
    },
    'class2':{
        'stu2':["Xiao Liang",17]
    }
}
info['class1']['stu1'][1] = 18
print(info)
#dict.fromkeys(seq[, val]))

# 创建一个新字典，以序列 seq 中元素做字典的键，val 为字典所有键对应的初始值
```

```
print (dict.fromkeys([6,7,8],'test'))
c = dict.fromkeys([6,7,8],[1,{'name':'frui'}])
c[6][1]['name'] = 'sorui'
print (c)
```

程序执行结果为：

{'class1': {'stu1': ['Xiao Ming', 18]}, 'class2': {'stu2': ['Xiao Liang', 17]}}
{6: 'test', 7: 'test', 8: 'test'}
{6: [1, {'name': 'XiaoZhang'}], 7: [1, {'name': 'sorui XiaoZhang'}], 8: [1, {'name': 'sorui XiaoZhang'}]}

```
#update 方法
info = {
    'stu1':"Xiao Ming",
    'stu2':"Xiao Liang",
    'stu3':"Xiao Hong",
    'stu4':"Xiao Rui",
}
b = {
    'stu1': "Xiao Dong",
    1:3,
    2:4
}
print (info)
info.update(b)
```

程序执行结果为：

{'stu1': 'Xiao Ming', 'stu2': 'Xiao Liang', 'stu3': 'Xiao Hong', 'stu4': 'Xiao Rui'}

dict 查找速度快是因为 dict 的实现原理和查字典是一样的。假设字典包含了 1 万个汉字,要查某一个字,第一种方法是把字典从第一页往后翻,直到找到想要的字为止,这种方法就是在 list 中查找元素的方法,list 越大,查找越慢。第二种方法是先在字典的索引表里(比如部首表)查这个字对应的页码,然后直接翻到该页,找到这个字。无论找哪个字,这种查找速度都非常快,不会随着字典大小的增加而变慢。dict 就是第二种实现方式。

和 list 比较,dict 有以下几个特点：

(1) 无序。

(2) 查找和插入的速度极快,不会随着 key 的增加而变慢。

(3) 需要占用大量的内存,内存浪费多。

(4) 而 list 相反,查找和插入的时间随着元素的增加而增加。

(5) 占用空间小,浪费内存很少。dict 是用空间来换取时间的一种方法。

dict 可以用在需要高速查找的很多地方,在 Python 代码中几乎无处不在,正确使用 dict 非常重要,需要牢记的第一条就是 dict 的 key 必须是不可变对象。这是因为 dict 根据 key 来计算 value 的存储位置,如果每次计算相同的 key 得出的结果不同,那 dict 内部就完全混乱了。这个通过 key 计算位置的算法称为哈希算法(Hash)。要保证 hash 的正确性,作为 key 的对象就不能变。在 Python 中,字符串、整数等都是不可变的,因此,可以放心地作为 key。而 list 是可变的,就不能作为 key。

2.3.4 集合

集合是一个无序的,不重复的数据组合,它的主要作用如下:
(1)去重。把一个列表变成集合,就自动去重了。
(2)关系测试。测试两组数据之间的交集、差集和并集等关系。
集合的常用操作如下:

```
#去重
list1 = [3,2,1,4,5,6,5,4,3,2,1]
print (list1, type(list1))
list1 = set(list1)
print (list1, type(list1))
```

程序执行结果为:

```
[3, 2, 1, 4, 5, 6, 5, 4, 3, 2, 1] <class 'list'>
{1, 2, 3, 4, 5, 6} <class 'set'>
list1 = [3,2,1,4,5,6,5,4,3,2,1]
list1 = set(list1)
list2 = set([4,5,6,7,8,9])

#交集
print (list1.intersection(list2))
```

程序执行结果为:

{4, 5, 6}

```
list1 = [3,2,1,4,5,6,5,4,3,2,1]
list1 = set(list1)
list2 = set([4,5,6,7,8,9])

#并集
print (list1.union(list2))
```

程序执行结果为:

{1, 2, 3, 4, 5, 6, 7, 8, 9}

list1 = [3,2,1,4,5,6,5,4,3,2,1]

```
list1 = set(list1)
list2 = set([4,5,6,7,8,9])

#差集
  print (list1.difference(list2))
  print (list2.difference(list1))
```
程序执行结果为:
```
{1, 2, 3}
{8, 9, 7}
```

```
list1 = [3,2,1,4,5,6,5,4,3,2,1]
list1 = set(list1)
list2 = set([4,5,6,7,8,9])

#子集、父集
print (list1.issubset(list2))
print (list1.issuperset(list2))


list3 = set([4,5,6])
print (list3.issubset(list2))
print (list2.issuperset(list3))
```
程序执行结果为:
```
False
False
True
True
```

```
list1 = [3,2,1,4,5,6,5,4,3,2,1]
list1 = set(list1)
list2 = set([4,5,6,7,8,9])
list3 = set([4,5,6])

#对称差集
print (list1.symmetric_difference(list2))

#Return True if two sets have a null intersection
list4 = set([1,2,3])
print (list3.isdisjoint(list4))
```
程序执行结果为:

{1, 2, 3, 7, 8, 9}
True

```
list1 = [3,2,1,4,5,6,5,4,3,2,1]
list1 = set(list1)
list2 = set([4,5,6,7,8,9])
list3 = set([4,5,6])

#交集
print (list1 & list2)
#union
print (list2 | list1)
#difference
print (list1 - list2)

#对称差集
print (list1 ^list2)
```

程序执行结果为：

{4, 5, 6}
{1, 2, 3, 4, 5, 6, 7, 8, 9}
{1, 2, 3}
{1, 2, 3, 7, 8, 9}

```
list1 = [3,2,1,4,5,6,5,4,3,2,1]
list1 = set(list1)
list2 = set([4,5,6,7,8,9])
list3 = set([4,5,6])

#添加
list1.add(999) #添加一项
print (list1)
list1.update([66,77,88]) #添加多项
print (list1)
print (list1.add(999)) #猜猜打印什么？为什么？
```

程序执行结果为：

{1, 2, 3, 4, 5, 6, 999}
{1, 2, 3, 4, 5, 6, 999, 66, 77, 88}
None

```
list1 = [3,2,1,4,5,6,5,4,3,2,1]
list1 = set(list1)
list2 = set([4,5,6,7,8,9])
list3 = set([4,5,6])

#添加
list1.add(999) #添加一项
list1.update([66,77,88]) #添加多项

#删除
list1.remove(999)
print (list1)

#remove and return arbitrary set element
print (list1.pop())

#Remove an element from a set if it is a member.If the element is not a member, do nothing.
print (list1.discard(888))
```

程序执行结果为：
```
{1, 2, 3, 4, 5, 6, 66, 77, 88}
1
None
```

2.4　Python 函数

本次授课的目的和要求：

- 了解 Python 函数的语法

本次授课的重点、难点及解决措施：

- 重点：运行 Python 函数基础语法
- 难点：掌握定义和调用函数的方法
- 解决措施：查阅课外资料，加深了解，动手实验，提高学习效率

本次授课采用的教学方式、方法：

讲授、实验

本次授课采用的教具、挂图及工具：

Python 3.6 + 、IDLE

课后作业内容与预估计完成时间:

- 预计完成时间:60 min
- 查找相关资料
- 复现实验环境与结果
- 预习下一节内容

思考一分钟:

Python 的函数如何定义？各种函数的调用方法是什么？

本次课的小结与改进措施:

2.4.1 定义函数

下列代码创建一个可以输出限定数值内的斐波那契数列函数。例如:

```
>>> def fib(n):# write Fibonacci series up to n
...     """Print a Fibonacci series up to n."""
...     a, b = 0, 1
...     while a < n:
...         print(a, end =' ')
...         a, b = b, a+b
...     print()
... fib(2000)
```

程序执行结果为:

0 1 1 2 3 5 8 13 21 34 55 89 144 233 377 610 987 1597

定义函数使用关键字 def,后跟函数名与括号内的形参列表。函数语句从下一行开始,并且必须缩进。

函数内的第一条语句是字符串时,该字符串就是文档字符串,也称为 docstring,详见文档字符串。利用文档字符串可以自动生成在线文档或打印版文档,还可以让开发者在浏览代码时直接查阅文档;Python 开发者最好养成在代码中加入文档字符串的好习惯。

函数在执行时使用函数局部变量符号表,所有函数变量赋值都存在局部符号表中。引用变量时,首先,在局部符号表里查找变量,然后是外层函数局部符号表,再然后是全局符号表,最后是内置名称符号表。因此,尽管可以引用全局变量和外层函数的变量,但最好不要在函数内直接赋值(除非是 global 语句定义的全局变量,或 nonlocal 语句定义的外层函数变量)。

在调用函数时会将实际参数(实参)引入被调用函数的局部符号表中。因此,实参是使用按值调用来传递的(其中的值始终是对象的引用而不是对象的值)。当一个函数调用另外一个函数时,会为该调用创建一个新的局部符号表。

函数定义在当前符号表中把函数名与函数对象关联在一起。解释器把函数名指向的对象作为用户自定义函数。还可以使用其他名称指向同一个函数对象,并访问该函数。例如:

```
>>> fib
>>> f = fib
>>> f(100)
```

程序执行结果为:

```
<function fib at 10042ed0>
0 1 1 2 3 5 8 13 21 34 55 89
```

fib 不返回值,因此,其他语言不把它当作函数,而是当作过程。事实上,没有 return 语句的函数也返回值,只不过这个值是 None(是一个内置名称)。一般来说,解释器不会输出单独的返回值 None,如需查看该值,可以使用 print()。例如:

```
>>> fib(0)
>>> print(fib(0))
```

程序执行结果为:

```
None
```

编写不直接输出斐波那契数列运算结果,而是返回运算结果列表的函数也非常简单。例如:

```
>>> def fib2(n):  # return Fibonacci series up to n
...     """Return a list containing the Fibonacci series up to n."""
...     result = []
...     a, b = 0, 1
...     while a < n:
...         result.append(a)    # see below
...         a, b = b, a+b
...     return result
...
>>> f100 = fib2(100)    # call it
>>> f100                # write the result
```

程序执行结果为:

```
[0, 1, 1, 2, 3, 5, 8, 13, 21, 34, 55, 89]
```

本例也新引入了一些 Python 功能:

(1) return 语句返回函数的值。return 语句不带表达式参数时,返回 None。函数执行完毕退出也返回 None。

（2）result.append(a) 语句调用列表对象 result 的方法。方法是"从属于"对象的函数，命名为 obj.methodname，obj 是对象（也可以是表达式），methodname 是对象类型定义的方法名。不同类型定义不同的方法，不同类型的方法名可以相同，且不会引起歧义。示例中的方法 append() 是为列表对象定义的，用于在列表末尾添加新元素。本例中，该方法相当于 result = result + [a]，但更有效。

2.4.2 函数定义详解

函数定义支持可变数量的参数。

为参数指定默认值是非常有用的方式。调用函数时，可以使用比定义时更少的参数。例如：

```
def ask_ok(prompt, retries=4, reminder='Please try again!'):
    while True:
        ok = input(prompt)
        if ok in ('y', 'ye', 'yes'):
            return True
        if ok in ('n', 'no', 'nop', 'nope'):
            return False
        retries = retries - 1
        if retries < 0:
            raise ValueError('invalid user response')
        print(reminder)
```

该函数可以用以下方式调用：

```
ask_ok('Do you really want to quit?')                          #只给出必选实参
ask_ok('OK to overwrite the file?', 2)                         #给出一个可选实参
ask_ok('OK to overwrite the file?', 2, 'Come on,
only yes or no!')                                              #给出所有实参
```

程序执行结果为：

```
Do you really want to quit?
Please try again!
Do you really want to quit?y
OK to overwrite the file?n
OK to overwrite the file?
```

本例还使用了关键字 in，用于确认序列中是否包含某个值。

默认值是在定义作用域里的函数定义中求值。例如：

```
i = 5
def f(arg=i):
    print(arg)
```

```
i = 6
f()
```
程序执行结果为：
```
5
```
重要警告：默认值只计算一次。默认值为列表、字典或类实例等可变对象时，会产生与该规则不同的结果。例如，下面的函数会累积后续调用时传递的参数：
```
def f(a, L =[]):
    L.append(a)
    return L
print(f(1))
print(f(2))
print(f(3))
```
程序执行结果为：
```
[1]
[1,2]
[1,2,3]
```
不想在后续调用之间共享默认值时，应以如下方式编写函数：
```
def f(a, L = None):
    if L is None:
        L = []    L.append(a)
    return L
print(f(1))
print(f(2))
print(f(3))
```
程序执行结果为：
```
[1]
[2]
[3]
```

2.4.3 关键字参数

kwarg = value 形式的关键字参数也可以用于调用函数。函数示例如下：
```
def parrot(voltage, state = 'a stiff', action = 'voom', type = 'Norwegian Blue'):
print(" - - This parrot wouldn't", action, end = ' ')
print("if you put", voltage, "volts through it.")
print(" - - Lovely plumage, the", type)
print(" - - It's", state, "!")
```
该函数接受一个必选参数（voltage）和三个可选参数（state，action 和 type）。该函数可用下列方式调用：

```
parrot(1000)                                          # 1 positional argument
parrot(voltage=1000)                                  # 1 keyword argument
parrot(voltage=1000000, action='VOOOOOM')             # 2 keyword arguments
parrot(action='VOOOOOM', voltage=1000000)             # 2 keyword arguments
parrot('a million', 'bereft of life', 'jump')         # 3 positional arguments
parrot('a thousand', state='pushing up the daisies')
                                                      # 1 positional, 1 keyword
```

以下调用函数的方式都无效：

```
parrot()                              # required argument missing
parrot(voltage=5.0, 'dead')           # non-keyword argument after a keyword argument
parrot(110, voltage=220)              # duplicate value for the same argument
parrot(actor='John Cleese')           # unknown keyword argument
```

程序执行结果为：

```
-- This parrot wouldn't voom if you put 1000 volts through it.
-- Lovely plumage, the Norwegian Blue
-- It's a stiff !
-- This parrot wouldn't voom if you put 1000 volts through it.
-- Lovely plumage, the Norwegian Blue
-- It's a stiff !
-- This parrot wouldn't VOOOOOM if you put 1000000 volts through it.
-- Lovely plumage, the Norwegian Blue
-- It's a stiff !
-- This parrot wouldn't VOOOOOM if you put 1000000 volts through it.
-- Lovely plumage, the Norwegian Blue
-- It's a stiff !
-- This parrot wouldn't jump if you put a million volts through it.
-- Lovely plumage, the Norwegian Blue
-- It's bereft of life !
-- This parrot wouldn't voom if you put a thousand volts through it.
-- Lovely plumage, the Norwegian Blue
-- It's pushing up the daisies !
```

函数调用时，关键字参数必须跟在位置参数后面。所有传递的关键字参数都必须匹配一个函数可接受的参数，比如，actor 不是函数 parrot 的有效参数。关键字参数的顺序并不重要，这也包括必选参数，比如，parrot(voltage=1000) 也有效。不能对同一个参数多次赋值，下面就是一个因此限制而失败的例子：

```
>>> def function(a):
...     pass
...
>>> function(0, a=0)
```

程序执行结果为：

```
Traceback (most recent call last):
    File "<stdin>", line 1, in <module>
```

```
TypeError: function() got multiple values for argument 'a'
```

最后一个形参为 ** name 形式时,接收一个字典,该字典包含除与函数中已定义形参对应之外的所有关键字参数。** name 形参可以与 * name 形参组合使用(* name 必须在 ** name 前面), * name 形参接收一个元组,该元组包含形参列表之外的位置参数。例如,可以定义下面这样的函数:

```
def cheeseshop(kind, *arguments, **keywords):
    print("-- Do you have any", kind, "?")
    print("-- I'm sorry, we're all out of", kind)
    for arg in arguments:
        print(arg)
    print("-" * 40)
    for kw in keywords:
        print(kw, ":", keywords[kw])
```

该函数可以用如下方式调用:

```
cheeseshop("Limburger", "It's very runny, sir.",
    "It's really very, VERY runny, sir.",
    shopkeeper = "Michael Palin",
    client = "John Cleese",
    sketch = "Cheese Shop Sketch")
```

程序执行结果为:

```
-- Do you have any Limburger ?
-- I'm sorry, we're all out of Limburger
It's very runny, sir.
It's really very, VERY runny, sir.
----------------------------------------
shopkeeper : Michael Palin
client : John Cleese
sketch : Cheese Shop Sketch
```

注意:关键字参数在输出结果中的顺序与调用函数时的顺序一致。

2.5 面向对象编程

本次授课的目的和要求:

- 了解 Python 对象类的语法

本次授课的重点、难点及解决措施:

- 重点:运行 Python 面向对象基础语法

- 难点:掌握类的定义和对象的创建和访问方法
- 解决措施:查阅课外资料,加深了解,动手实验,提高学习效率

本次授课采用的教学方式、方法:

讲授、实验

本次授课采用的教具、挂图及工具:

Python 3.6+、IDLE

课后作业内容与预估计完成时间:

- 预计完成时间:60 min
- 查找相关资料
- 复现实验环境与结果
- 预习下一节内容

思考一分钟:

类是如何定义的？如何创建和访问对象？

本次课的小结与改进措施:

Python 从设计之初就是一门面向对象的语言,正因为如此,在 Python 中创建一个类和对象都很容易。本节将详细介绍 Python 的面向对象编程。

如果以前没有接触过面向对象的编程语言,那可能需要先了解一些面向对象语言的基本特征,在头脑中形成一个基本的面向对象的概念,这样有助于学习 Python 的面向对象编程。

2.5.1 面向对象技术简介

(1)类(Class):用来描述具有相同的属性和方法的对象的集合。它定义了该集合中每个对象所共有的属性和方法。对象是类的实例。

(2)类变量:类变量在整个实例化的对象中是公用的。类变量定义在类中且在函数体之外。类变量通常不作为实例变量使用。

(3)数据成员:类变量或者实例变量,用于处理类及其实例对象的相关的数据。

(4)方法重写:如果从父类继承的方法不能满足子类的需求,可以对其进行改写,这个过程称为方法的覆盖(override),也称方法的重写。

(5) 局部变量:定义在方法中的变量,只作用于当前实例的类。

(6) 实例变量:在类的声明中,属性是用变量来表示的。这种变量就称为实例变量,是在类声明的内部但是在类的其他成员方法之外声明的。

(7) 继承:一个派生类(derived class)继承基类(base class)的字段和方法。继承也允许把一个派生类的对象作为一个基类对象对待。例如,有这样一个设计:一个 Dog 类型的对象派生自 Animal 类,这是模拟"是一个(is-a)"关系(例如,Dog 是一个 Animal)。

(8) 实例化:创建一个类的实例,类的具体对象。

(9) 方法:类中定义的函数。

(10) 对象:通过类定义的数据结构实例。对象包括两个数据成员(类变量和实例变量)和方法。

2.5.2 创建类

使用 class 语句来创建一个新类,class 之后为类的名称并以冒号结尾。例如:

```
class ClassName:
    '类的帮助信息'    #类文档字符串
    class_suite    #类体
```

类的帮助信息可以通过 ClassName.__doc__ 查看。

class_suite 由类成员、方法和数据属性组成。

以下是一个简单的 Python 类的例子:

```
#!/usr/bin/python
# -*- coding: UTF-8 -*-
class Employee:
    '所有员工的基类'
    empCount = 0

    def __init__(self, name, salary):
        self.name = name
        self.salary = salary
        Employee.empCount += 1

    def displayCount(self):
        print("Total Employee %d" % Employee.empCount)

    def displayEmployee(self):
        print("Name : ", self.name, ", Salary: ", self.salary)
```

empCount 变量是一个类变量,它的值将在这个类的所有实例之间共享。可以在内部类或外部类使用 Employee.empCount 访问。

第一种方法 __init__( ) 是一种特殊的方法,被称为类的构造函数或初始化方法,当创建了这个类的实例时就会调用该方法。

self 在定义类的方法时是必须有的,虽然在调用时不必传入相应的参数。

self 代表类的实例,而非指向类,类的方法与普通的函数只有一个特别的区别——它们必须有一个额外的第一个参数名称,按照惯例它的名称是 self。例如:

```
class Test:
    def prt(self):
        print(self)
        print(self.__class__)
t = Test()
t.prt()
```

程序执行结果为:

< __main__.Test instance at 0x10d066878 >

__main__.Test

从执行结果可以很明显地看出,self 代表的是类的实例,代表当前对象的地址,而 self.__class__ 则指向类。

self 不是 Python 关键字,把它换成 runoob 也是可以正常执行的。例如:

```
class Test:
    def prt(runoob):
        print(runoob) print(runoob.__class__)
t = Test()
t.prt()
```

程序执行结果为:

< __main__.Test instance at 0x10d066878 >

__main__.Test

2.5.3 创建实例对象

实例化类其他编程语言中一般用关键字 new,但是在 Python 中并没有这个关键字,类的实例化类似函数调用方式。

使用类的名称 Employee 来实例化,并通过 __init__ 方法接收参数,如:

```
class Employee:
    '所有员工的基类'
    empCount = 0

    def __init__(self, name, salary):
        self.name = name
        self.salary = salary
```

```
        Employee.empCount += 1

    def displayCount(self):
        print ("Total Employee %d" % Employee.empCount)

    def displayEmployee(self):
        print ("Name : ", self.name, ", Salary: ", self.salary)
"创建 Employee 类的第一个对象"
emp1 = Employee("Zara", 2000)
"创建 Employee 类的第二个对象"
emp2 = Employee("Manni", 5000)
```

2.5.4 访问属性

可以使用点号来访问对象的属性。使用如下类的名称访问类变量：

```
class Employee:
    '所有员工的基类'
    empCount = 0

    def __init__(self, name, salary):
        self.name = name
        self.salary = salary
        Employee.empCount += 1

    def displayCount(self):
        print ("Total Employee %d" % Employee.empCount)

    def displayEmployee(self):
        print ("Name : ", self.name, ", Salary: ", self.salary)
"创建 Employee 类的第一个对象"
emp1 = Employee("Zara", 2000)
"创建 Employee 类的第二个对象"
emp2 = Employee("Manni", 5000)

emp1.displayEmployee()
emp2.displayEmployee()
print("Total Employee %d" % Employee.empCount)
```

以上实例执行结果为：

```
Name : Zara , Salary:  2000
Name : Manni , Salary:  5000
Total Employee 2
```

可以添加、删除、修改类的属性，如下所示：

```
emp1.age = 7    #添加一个'age'属性
emp1.age = 8    #修改'age'属性
del emp1.age    #删除'age'属性
```

第 3 章　模型评估及模型

3.1　向量矩阵和数组

本次授课的目的和要求：

- 了解向量矩阵和数组的概念和 Python 语法

本次授课的重点、难点及解决措施：

- 重点：向量矩阵和数组的概念和 Python 语法和案例
- 难点：NumPy 语法的运用
- 解决措施：查找相关网站，在 NumPy 中文官网查找相关项目加深理解

本次授课采用的教学方式、方法：

讲授、实验

本次授课采用的教具、挂图及工具：

Python 3.6 +

课后作业内容与预估计完成时间：

- 预计完成时间：60 分钟
- 查找相关资料
- 复现实验环境与结果
- 预习下一节内容

思考一分钟：

矩阵和数组的概念是什么？本节学习到了哪些 Python 语法？

本次课的小结与改进措施：

3.1.1 向量矩阵和数组的介绍

NumPy 的主要对象是同构多维数组。它是一个元素表(通常是数字),所有类型都相同,由非负整数元组索引。在 *NumPy* 维度中称为轴。例如,3D 空间中的点的坐标[1,2,1]只有一个轴。该轴有 3 个元素,所以说它的长度为 3。例如,[[1,0,0],[0,1,2]]数组有 2 个轴。第一轴的长度为 2,第二轴的长度为 3。

NumPy 的数组类称为 ndarray。请注意,numpy.array 与标准 Python 库类 array.array 不同,后者仅处理一维数组并提供较少的功能。ndarray 对象则提供更重要的属性,具体如下:

(1) ndarray.ndim:数组的轴(维度)的个数。在 Python 世界中,维度的数量被称为 rank。

(2) ndarray.shape:数组的维度。它是一个整数的元组,表示每个维度中数组的大小。对于有 n 行和 m 列的矩阵,shape 将是 (n,m)。因此,shape 元组的长度就是 rank 或维度的个数 ndim。

(3) ndarray.size:数组元素的总数。它等于 shape 的元素的乘积。

(4) ndarray.dtype:一个描述数组中元素类型的对象。可以使用标准的 Python 类型创建或指定 dtype。另外 *NumPy* 提供它自己的类型。例如,numpy.int32、numpy.int16 和 numpy.float64。

(5) ndarray.itemsize:数组中每个元素的字节大小。例如,元素为 float64 类型的数组的 itemsize 为 8(=64/8),而 complex32 类型的数组的 itemsize 为 4(=32/8)。它等于 ndarray.dtype.itemsize。

(6) ndarray.data:该缓冲区包含数组的实际元素。通常不需要使用此属性,因为将使用索引访问数组中的元素。

应用实例如下:

```
>>> import numpy as np
>>> a = np.arange(15).reshape(3,5)
>>> a
```

程序执行结果为:

```
array([[ 0,  1,  2,  3,  4],
       [ 5,  6,  7,  8,  9],
       [10, 11, 12, 13, 14]])
>>> a.shape
```

程序执行结果为:

```
(3,5)
>>> a.ndim
```

程序执行结果为:

2
```
>>> a.dtype.name
```
程序执行结果为：
```
'int32'
>>> a.itemsize
```
程序执行结果为：
```
4
```

```
>>> a.size
```
程序执行结果为：
```
15
```

```
>>> type(a)
```
程序执行结果为：
```
<class 'numpy.ndarray'>
```

```
>>> b = np.array([6,7,8])
>>> b
```
程序执行结果为：
```
array([6,7,8])
```

```
>>> type(b)
```
程序执行结果为：
```
<class 'numpy.ndarray'>
```

3.1.2 数组创建

有几种方法可以创建数组。可以使用 array 函数从常规 Python 列表或元组中创建数组。得到的数组的类型是从 Python 列表中元素的类型推导出来的。例如：

```
>>> import numpy as np
>>> a = np.array([2,3,4])
>>> a
```
程序执行结果为：
```
array([2, 3, 4])
```

```
>>> a.dtype
```
程序执行结果为：
```
dtype('int64')
```

```
>>> b = np.array([1.2, 3.5, 5.1])
>>> b.dtype
```

程序执行结果为：

```
dtype('float64')
```

一个常见的错误，就是调用 array 的时候传入多个数字参数，而不是提供单个数字的列表类型作为参数。例如：

```
>>> a = np.array(1,2,3,4)    # WRONG
>>> a = np.array([1,2,3,4])  # RIGHT
```

#array 还可以将序列的序列转换成二维数组，将序列的序列的序列转换成三维数组，等等。例如：

```
>>> b = np.array([(1.5,2,3),(4,5,6)])
>>> b
```

程序执行结果为：

```
array([[ 1.5, 2., 3.],
       [ 4., 5., 6.]])
```

也可以在创建时显式指定数组的类型。例如：

```
>>> c = np.array( [ [1,2],[3,4] ], dtype = complex )
>>> c
```

程序执行结果为：

```
array([[ 1.+0.j, 2.+0.j],
       [ 3.+0.j, 4.+0.j]])
```

通常，数组的元素最初是未知的，但它的大小是已知的。因此，NumPy 提供了几个函数来创建具有初始占位符内容的数组。这就减少了数组增长的必要，因为数组增长的操作花费很大。

函数 zeros 创建一个由 0 组成的数组，函数 ones 创建一个完整的数组，函数 empty 创建一个数组，其初始内容是随机的，取决于内存的状态。默认情况下，创建的数组的 dtype 是 float64 类型的。例如：

```
>>> np.zeros( (3,4) )
```

程序执行结果为：

```
array([[ 0., 0., 0., 0.],
       [ 0., 0., 0., 0.],
       [ 0., 0., 0., 0.]])
>>> np.ones( (2,3,4), dtype = np.int16 )    # dtype can also be specified
```

程序执行结果为：

```
array([[[ 1, 1, 1, 1],
        [ 1, 1, 1, 1],
        [ 1, 1, 1, 1]],
```

```
        [[ 1, 1, 1, 1],
         [ 1, 1, 1, 1],
         [ 1, 1, 1, 1]]], dtype = int16)
>>> np.empty( (2,3) )                    # uninitialized, output may vary
```
程序执行结果为：
```
array([[ 1.5,  2.,  3.],
       [ 4.,  5.,  6.]])
```
为了创建数字组成的数组，NumPy 提供了一个类似于 range 的函数，该函数返回数组而不是列表。例如：
```
>>> np.arange( 10, 30, 5 )
```
程序执行结果为：
```
array([10, 15, 20, 25])
```

```
>>> np.arange( 0, 2, .3 )                # it accepts float arguments
```
程序执行结果为：
```
array([ 0.,  .3,  .6,  .9,  1.2,  1.5,  1.8])
```
当 arange 与浮点参数一起使用时，由于有限的浮点精度，通常不可能预测所获得的元素的数量。出于这个原因，通常最好使用 linspace 函数来接收想要的元素数量的函数，而不是步长(step)。例如：
```
>>> from numpy import pi
>>> np.linspace( 0, 2, 9 )               # 9 numbers from 0 to 2
```
程序执行结果为：
```
array([ 0. ,  0.25,  .5 ,  0.75,  1. ,  1.25,  1.5 ,  1.75,  2. ])
>>> x = np.linspace( 0, 2*pi, 100 )      # useful to evaluate function at
                                         lots of points
>>> f = np.sin(x)
```

3.2　索引、切片和迭代

本次授课的目的和要求：
- 掌握数组的索引、切片和迭代操作

本次授课的重点、难点及解决措施：
- 重点：数组的索引、切片和迭代
- 难点：多维数组的堆叠
- 解决措施：查找相关网站，在 MumPy 中文官网查找相关项目，加深理解

本次授课采用的教学方式、方法：

讲授、实验

本次授课采用的教具、挂图及工具：

Python 3.6 +

课后作业内容与预估计完成时间：

- 预计完成时间:30 分钟
- 查找相关资料
- 复现实验环境与结果
- 预习下一节内容

思考一分钟：

索引、切片和迭代的具体操作有哪些?

本次课的小结与改进措施：

一维的数组可以进行索引、切片和迭代操作,就像列表和其他 Python 序列类型一样。例如：

>>> a = np.arange(10) ** 3
>>> a

程序执行结果为：

array([0, 1, 8, 27, 64, 125, 216, 343, 512, 729], dtype = int32)

>>> a[2]

程序执行结果为：

   8

>>> a[2:5]

程序执行结果为：

array([8, 27, 64], dtype = int32)

>>> a[:6:2] = -1000   # equivalent to a[0:6:2] = -1000; from start to position 6, exclusive, set every 2nd element to -1000

>>> a

程序执行结果为：

array([-1000, 1, -1000, 27, -1000, 125, 216, 343, 512, 729],

dtype = int32)
```
>>> a[ : : -1]                          # reversed a
```
程序执行结果为：
array([729, 512, 343, 216, 125, -1000, 27, -1000, 1, -1000], dtype = int32)
```
>>> for i in a:
        print(i**(1/3.))
```
程序执行结果为：
nan
1.0
nan
3.0
nan
5.0
6.0
7.0
8.0
9.0

多维的数组每个轴可以有一个索引。这些索引以逗号分隔的元组给出。例如：
```
>>> def f(x,y):
return 10*x+y
>>> b = np.fromfunction(f,(5,4),dtype = int)
>>> b
```
程序执行结果为：
array([[0, 1, 2, 3],
       [10, 11, 12, 13],
       [20, 21, 22, 23],
       [30, 31, 32, 33],
       [40, 41, 42, 43]])

```
>>> b[2,3]
```
程序执行结果为：
23
```
>>> b[0:5, 1]                           # each row in the second column of b
```
程序执行结果为：
array([1, 11, 21, 31, 41])

```
>>> b[ :,1]                             # equivalent to the previous example
```

程序执行结果为:
array([1, 11, 21, 31, 41])

>>> b[1:3, :]   # each column in the second and third row of b
程序执行结果为:
array([[10, 11, 12, 13],
       [20, 21, 22, 23]])

当提供的索引少于轴的数量时,缺失的索引被认为是完整的切片。例如:

>>> b[-1]   # the last row. Equivalent to b[-1,:]
程序执行结果为:
array([40, 41, 42, 43])

b[i]方括号中的表达式i被视为后面紧跟着":"的多个实例,用于表示剩余轴。NumPy 也允许使用三个点写为 b[i,…]。三个点(…)表示产生完整索引元组所需的冒号。例如,如果 x 是 rank 为 5 的数组(即,它具有 5 个轴),则

- 46 · x[1,2,…] 相当于 x[1,2,:,:,:]
- 47 · x[…,3] 等效于 x[:,:,:,:,3]
- 48 · x[4,…,5,:] 等效于 x[4,:,:,5,:]

```
c = np.array( [[[  0,  1,  2],       # a 3D array (two stacked 2D arrays)
...            [ 10, 12, 13]],
...           [[100,101,102],
...            [110,112,113]]])
```

>>> c.shape
程序执行结果为:
(2, 2, 3)

>>> c[1,...]   # same as c[1,:,:] or c[1]
程序执行结果为:
array([[100, 101, 102],
       [110, 112, 113]])

>>> c[...,2]   # same as c[:,:,2]
程序执行结果为:
array([[2, 13],
       [102, 113]])

对多维数组进行迭代(Iterating)是相对于第一个轴完成的,例如:

>>> for row in b:
        print(row)
[0 1 2 3]

[10 11 12 13]
[20 21 22 23]
[30 31 32 33]
[40 41 42 43]

但是,如果想要对数组中的每个元素执行操作,可以使用 flat 属性,该属性是数组的所有元素的迭代器,例如:

```
>>> for element in b.flat:
        print(element)
```

程序执行结果为:

0
1
2
3
10
11
12
13
20
21
22
23
30
31
32
33
40
41
42
43

3.2.1 改变数组的形状

一个数组的形状是由每个轴的元素数量决定的。例如:

```
>>> a = np.floor(10 * np.random.random((3,4)))
>>> a
```

程序执行结果为:

```
array([[ 2.,8.,0.,6.],
       [ 4.,5.,1.,1.],
       [ 8.,9.,3.,6.]])
```

```
>>> a.shape
```
程序执行结果为：

(3,4)

可以使用各种命令更改数组的形状。请注意，以下三个命令都返回一个修改后的数组，但不会更改原始数组。例如：

```
>>> a.ravel()    # returns the array, flattened
```
程序执行结果为：

array([2.,4.,4.,1.,0.,6.,0.,6.,7.,9.,7.,5.])

```
>>> a.reshape(6,2)    # returns the array with a modified shape
```
程序执行结果为：

array([[2., 4.],
       [4., 1.],
       [0., 6.],
       [0., 6.],
       [7., 9.],
       [7., 5.]])

```
>>> a.T                             # returns the array, transposed
```
程序执行结果为：

array([[2.,0.,7.],
       [4.,6.,9.],
       [4.,0.,7.],
       [1.,6.,5.]])

```
>>> a.T.shape
```
程序执行结果为：

(4,3)

```
>>> a.shape
```
程序执行结果为：

(3,4)

由 ravel() 产生的数组中元素的顺序通常是"C 风格"，也就是说，最右边的索引"变化最快"，因此[0,0]之后的元素是[0,1]。如果将数组重新整形为其他形状，则该数组将被视为"C 风格"。NumPy 通常创建按此顺序存储的数组，因此 ravel() 通常不需要复制其参数，但如果数组是通过获取另一个数组的切片或使用不常见的选项创建的，则可能需要复制它。还可以使用可选参数指示函数 ravel( ) 和 reshape( ),以使用 FORTRAN 样式的数组,其中最左边的索引变化最快。

该 reshape 函数返回带有修改形状的参数,而该 ndarray.resize 方法会修改数组本身。例如:

>>> a

程序执行结果为:
array([[2.,7.,8.,5.],
       [9.,0.,1.,7.],
       [7.,1.,9.,0.]])

>>> a.resize((2,6))
>>> a

程序执行结果为:
array([[2.,7.,8.,5.,9.,0.],
       [1.,7.,7.,1.,9.,0.]])

如果在 reshape 操作中将 size 指定为 -1,则会自动计算其他的 size 大小。例如:
>>> a.reshape(3,-1)

程序执行结果为:
array([[2.,7.,8.,5.],
       [9.,0.,1.,7.],
       [7.,1.,9.,0.]])

3.2.2 堆叠不同的数组

几个数组可以沿不同的轴堆叠在一起。例如:
>>> a = np.floor(10 * np.random.random((2,2)))
>>> a

程序执行结果为:
array([[7.,1.],
   [4.,5.]])

>>> b = np.floor(10 * np.random.random((2,2)))
>>> b

程序执行结果为:
array([[2.,5.],
   [6.,3.]])

>>> np.vstack((a,b))

程序执行结果为：
array([[7.,1.],
       [4.,5.],
       [2.,5.],
       [6.,3.]])

>>> np.hstack((a,b))

程序执行结果为：
array([[7.,1.,2.,5.],
       [4.,5.,6.,3.]])

该函数将 column_stack 1D 数组作为列堆叠到 2D 数组中。它仅相当于 hstack2D 数组，例如：

>>> from numpy import newaxis
>>> np.column_stack((a,b))   # with 2D arrays

程序执行结果为：
array([[7.,1.,2.,5.],
   [4.,5.,6.,3.]])

>>> a = np.array([4.,2.])
>>> b = np.array([3.,8.])
>>> np.column_stack((a,b))   # returns a 2D array

程序执行结果为：
array([[4., 3.],
       [2., 8.]])

>>> np.hstack((a,b))   # the result is different

程序执行结果为：
array([4., 2., 3., 8.])

>>> a[:,newaxis]   # this allows to have a 2D columns vector

程序执行结果为：
array([[4.],[2.]])

>>> np.column_stack((a[:,newaxis],b[:,newaxis]))

程序执行结果为：
array([[4.,3.],
   [2.,8.]])

```
>>> np.hstack((a[:,newaxis],b[:,newaxis]))   # the result is the same
```
程序执行结果为:
```
array([[ 4.,3.],
       [ 2.,8.]])
```
另一方面,该函数 ma.row_stack 等效于任何输入数组的 vstack。通常,对于具有两个以上维度的数组,hstack 堆叠沿其第二个轴,vstack 堆叠沿其第一个轴,并且 concatenate 允许可选参数给出连接应该发生的轴的数量。

3.3 Pandas 数据整理

本次授课的目的和要求:

- 了解 Pandas 数据整理

本次授课的重点、难点及解决措施:

- 重点:Pandas 概念理解与使用
- 难点:Pondas 对 Excel 数据的整理
- 解决措施:查找相关资料,在 github 查找相关项目加深理解

本次授课采用的教学方式、方法:

讲授、实验

本次授课采用的教具、挂图及工具:

无

课后作业内容与预估计完成时间:

- 预计完成时间:20 分钟
- 查找相关资料
- 预习下一节内容

思考一分钟:

Pandas 的基本功能有哪些?

本次课的小结与改进措施:

3.3.1 Pandas 简介

Pandas(发音:/ˈpændəz/)是 Python 语言开发的用于数据处理(data manipulation)和数据分析(data analysis)的第三方库。它擅长处理数字型数据和时间序列数据,当然文本型的数据也能轻松处理。Pandas 的命名来源并非"熊猫",而是来自计量经济学中术语"面板数据"(Panel data),它是一种数据集的结构类型,具有横截面和时间序列两个维度。不过,不用必须了解它,它只是一种灵感、思想来源。

3.3.2 用途

Pandas 对数据的处理是为数据的分析服务的,它所提供的各种数据处理方法、工具是基于数理统计学出发,包含了日常应用中的众多数据分析方法。学习它不光要掌控它的相应操作技术,还要从它的处理思路中学习数据分析的理论和方法。

特别地,如果想成为数据分析师、数据产品经理、数据开发工程师等与数据相关的工作者,学习 Pandas 更能深入数据理论和实践,更好地理解和应用数据。

Pandas 可以轻松应对白领们日常工作中的各种表格数据处理,还应用在金融、统计、数理研究、物理计算、社会科学和工程等领域里。

Pandas 可以实现复杂的处理逻辑,这些往往是 Excel 等工具无法处理的,还可以自动化和批量化,对于相同的大量的数据处理不需要重复工作。

Pandas 可以实现非常震撼的可视化,它对接众多高颜值的可视化库,可以实现动态数据交互效果。

3.3.3 适用的数据

Pandas 适合处理一个规正的二维数据(一维也可以,应用较少),即有 N 行 N 列,类似于 SQL 执行后产出的,或者无合并单元格 Excel 表格。它可以把多个文件的数据合并在一起,如果结构不一样,也可以经过处理进行合并。

这里说的二维数据是指像一个矩形的平面在横向和纵向被分隔成多个格子,每个格子里存放一个数据,如图 3.1 所示。

图 3.1 是一个 Pandas 中定义的数据框架。另外像工作日报之类的以文字为主的数据也可以进行处理,不过实践中这么做的比较少。

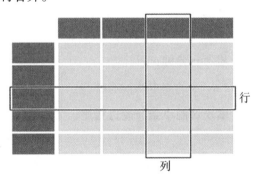

图 3.1 数据帧

3.3.4 基本功能

Pandas 常用的基本功能如下:

(1) 从 Excel、CSV、网页、SQL 和剪贴板等读取数据。

(2) 合并多个文件或者 sheet 数据,拆分数据为独立文件。

(3) 数据清洗,如去重、缺失值、填充默认值、格式补全极端值处理等。

(4) 建立高效的索引。

(5) 支持大体量数据。

(6) 按一定业务逻辑插入计算后的列、删除列。

(7) 灵活方便的数据查询、筛选。

(8) 分组聚合数据,可独立指定分组后的各字段计算方式。

(9) 数据的转置,如行转列、列转行变更处理。

(10) 连接数据库,直接 SQL 查询数据并进行处理。

(11) 对时序数据进行分组采样,如按月、按季、按工作小时,也可以自定义周期,如工作日。

(12) 窗口计划,移动窗口统计、日期移动等。

(13) 灵活的可视化图表输出,支持所有的统计图形。

(14) 融合表格的样式风格,提高数据识别效率。

3.3.5 学习方法

对于一个新的工具,从我们的目标出发就是能够使用它,让它发挥价值。因此,最好的方法就拿一个自己熟悉的数据去处理它,同时把日常工作需要手工处理的表格用 Pandas 来做,刚开始可能不能完全替代,但随着慢慢积累,就会得心应手。

在学习初期,只需要对着教程去模仿,把涉及的常用操作总结归纳。养成遇到不懂的就查看函数说明和官方文档的习惯。

3.4 Pandas 的 Series 数据结构

本次授课的目的和要求:

- 掌握 Pandas 的 Series 数据结构

本次授课的重点、难点及解决措施:

- 重点:Pandas 的 Series 数据结构
- 难点:Series 和 Munpy 函数的区别
- 解决措施:查找相关论文,在 github 查找相关项目,加深理解

本次授课采用的教学方式、方法:

讲授、实验

本次授课采用的教具、挂图及工具:

Python 3.6 +

课后作业内容与预估计完成时间:

- 预计完成时间:50 分钟
- 查找相关资料
- 复现实验环境与结果
- 预习下一节内容

思考一分钟:

Series 可以对数据进行哪些操作?

本次课的小结与改进措施:

要使用 Pandas,首先就得熟悉它的两个主要数据结构:Series 和 DataFrame。虽然它们并不能解决所有问题,但它们为大多数应用提供了一种可靠的、易于使用的基础。

Series 是一种类似于一维数组的对象,它由一组数据(各种 *NumPy* 数据类型),以及一组与之相关的数据标签(即索引)组成。仅由一组数据即可产生最简单的 Series。例如:

```
In [3]: obj = pd.Series([4,7, -5,3])
In [4]: obj
Out[4]:
0    4
1    7
2   -5
3    3
dtype: int64
```

Series 的字符串表现形式:索引在左边,值在右边。由于没有为数据指定索引,于是会自动创建一个 0 到 $N-1$(N 为数据的长度)的整数型索引。可以通过 Series 的 values 和 index 属性获取其数组表示形式和索引对象。例如:

```
In [5]: obj.values
Out[5]: array([ 4,7,-5,3])
In [6]: obj.index   # like range(4)
Out[6]: RangeIndex(start =0, stop =4, step =1)
```

通常,希望所创建的Series带有一个可以对各个数据点进行标记的索引。例如:

In [7]: obj2 = pd.Series([4, 7, -5, 3], index = ['d', 'b', 'a', 'c'])

In [8]: obj2

Out[8]:

d   4
b   7
a   -5
c   3
dtype: int64

In [9]: obj2.index

Out[9]: Index(['d', 'b', 'a', 'c'], dtype = 'object')

与普通 NumPy 数组相比,可以通过索引的方式选取 Series 中的单个或一组值。例如:

In [10]: obj2['a']

Out[10]: -5

In [11]: obj2['d'] = 6

In [12]: obj2[['c', 'a', 'd']]

Out[12]:

c   3
a   -5
d   6
dtype: int64

['c', 'a', 'd']是索引列表,即使它包含的是字符串而不是整数。使用 NumPy 函数或类似 NumPy 的运算(如根据布尔型数组进行过滤、标量乘法和应用数学函数等)都会保留索引值的链接。例如:

In [13]: obj2[obj2 > 0]

Out[13]:

d   6
b   7
c   3
dtype: int64

In [14]: obj2 * 2

Out[14]:

d   12
b   14
a   -10
c   6

dtype: int64

In [15]: np.exp(obj2)
Out[15]:
d   403.428793
b   1096.633158
a   0.006738
c   20.085537
dtype: float64

还可以将 Series 看成是一个定长的有序字典,因为它是索引值到数据值的一个映射,它可以用在许多原本需要字典参数的函数中。例如:

In [16]: 'b' in obj2
Out[16]: True

In [17]: 'e' in obj2
Out[17]: False

如果数据被存放在一个 Python 字典中,也可以直接通过这个字典来创建 Series。例如:

In [18]: sdata = {'Ohio': 35000, 'Texas': 71000, 'Oregon': 16000, 'Utah': 5000}
In [19]: obj3 = pd.Series(sdata)

In [20]: obj3
Out[20]:
Ohio   35000
Texas   71000
Oregon   16000
Utah   5000
dtype: int64

如果只传入一个字典,则结果 Series 中的索引就是原字典的键(有序排列)。可以传入排好序的字典的键以改变顺序。例如:

In [21]: states = ['California', 'Ohio', 'Oregon', 'Texas']
In [22]: obj4 = pd.Series(sdata, index=states)
In [23]: obj4
Out[23]:
California   NaN
Ohio   35000.0
Oregon   16000.0
Texas   71000.0

dtype: float64

在这个例子中,sdata 中跟 states 索引相匹配的那 3 个值会被找出来并放到相应的位置上,但由于"California"所对应的 sdata 值找不到,所以其结果就为 NaN(即"非数字"(not a number),在 Pandas 中,它用于表示缺失或 NA 值)。因为"Utah"不在 states 中,它被从结果中除去。将使用缺失(missing)或 NA 表示缺失数据。Pandas 的 isnull 和 notnull 函数可用于检测缺失数据。例如:

```
In [24]: pd.isnull(obj4)
Out[24]:
California    True
Ohio          False
Oregon        False
Texas         False
dtype: bool

In [25]: pd.notnull(obj4)
Out[25]:
California    False
Ohio          True
Oregon        True
Texas         True
dtype: bool
```

对于许多应用而言,Series 最重要的一个功能是根据运算的索引标签自动对齐数据。例如:

```
In [26]: obj3
Out[26]:
Ohio      35000
Texas     71000
Oregon    16000
Utah       5000
dtype: int64

In [27]: obj4
Out[27]:
California        NaN
Ohio          35000.0
Oregon        16000.0
Texas         71000.0
dtype: float64
```

In [28]: obj3 + obj4

Out[28]:

California   NaN
Ohio   70000.0
Oregon   32000.0
Texas   142000.0
Utah   NaN
dtype: float64

Series 对象本身及其索引都有一个 name 属性,该属性跟 Pandas 其他的关键功能关系非常密切。例如:

In [29]: obj4.name = 'population'

In [30]: obj4.index.name = 'state'

In [31]: obj4

Out[31]:

state
California   NaN
Ohio   35000.0
Oregon   16000.0
Texas   71000.0
Name: population, dtype: float64

Series 的索引可以通过赋值的方式就地修改。例如:

In [32]: obj

Out[32]:

0   4
1   7
2   -5
3   3
dtype: int64

In [33]: obj.index = ['Bob', 'Steve', 'Jeff', 'Ryan']

In [34]: obj

Out[34]:

Bob   4
Steve   7
Jeff   -5
Ryan   3
dtype: int64

3.5 Pandas 的 DataFrame 数据结构

本次授课的目的和要求:
- 掌握 Pandas 的 DataFrame 数据结构

本次授课的重点、难点及解决措施:
- 重点:Pandas 的 DataFrame 数据结构
- 难点:DataFrgme 对多维数据的整理
- 解决措施:查找相关论文,在 github 查找相关项目,加深理解

本次授课采用的教学方式、方法:

讲授、实验

本次授课采用的教具、挂图及工具:

Python 3.6 +

课后作业内容与预估计完成时间:
- 预计完成时间:60 分钟
- 查找相关资料
- 复现实验环境与结果
- 预习下一节内容

思考一分钟:

Data Frame 有哪些建立方法? Date Frame 的 index 和 columns 的 name 属性是什么?

本次课的小结与改进措施:

　　DataFrame 是一个表格型的数据结构,它含有一组有序的列,每列可以是不同的值类型(数值、字符串、布尔值等)。DataFrame 既有行索引也有列索引,它可以被看作由 Series 组成的字典(共用同一个索引)。DataFrame 中的数据是以一个或多个二维块存放的(而不是列表、字典或别的一维数据结构)。

　　虽然 DataFrame 是以二维结构保存数据的,但仍然可以轻松地将其表示为更高维度

的数据(层次化索引的表格型结构,这是 Pandas 中许多高级数据处理功能的关键要素)。

建立 DataFrame 的办法有很多,最常用的一种是直接传入一个由等长列表或 *NumPy* 数组组成的字典。例如:

```
data = {'state': ['Ohio', 'Ohio', 'Ohio', 'Nevada', 'Nevada', 'Nevada'],
        'year': [2000, 2001, 2002, 2001, 2002, 2003],
        'pop': [1.5, 1.7, 3.6, 2.4, 2.9, 3.2]}
frame = pd.DataFrame(data)
```

结果 DataFrame 会自动加上索引(跟 Series 一样),且全部列会被有序排列,则

In [5]: frame
Out[5]:

	state	year	pop
0	Ohio	2000	1.5
1	Ohio	2001	1.7
2	Ohio	2002	3.6
3	Nevada	2001	2.4
4	Nevada	2002	2.9
5	Nevada	2003	3.2

如果使用的是 Jupyter notebook,pandas DataFrame 对象会以对浏览器友好的 HTML 表格的方式呈现。对于特别大的 DataFrame,head 方法会选取前五行,即

In [6]: frame.head()
Out[6]:

	state	year	pop
0	Ohio	2000	1.5
1	Ohio	2001	1.7
2	Ohio	2002	3.6
3	Nevada	2001	2.4
4	Nevada	2002	2.9

如果指定了列序列,则 DataFrame 的列就会按照指定顺序进行排列,即

In [7]: pd.DataFrame(data, columns = ['year', 'state', 'pop'])
Out[7]:

	year	state	pop
0	2000	Ohio	1.5
1	2001	Ohio	1.7
2	2002	Ohio	3.6
3	2001	Nevada	2.4
4	2002	Nevada	2.9
5	2003	Nevada	3.2

如果传入的列在数据中找不到,就会在结果中产生缺失值,即

```
In [8]: frame2 = pd.DataFrame(data, columns = ['year', 'state', 'pop', 'debt'],
   ....: index = ['one', 'two', 'three', 'four',
   ....: 'five', 'six'])
In [9]: frame2
Out[9]:
       year   state   pop   debt
one    2000   Ohio    1.5   NaN
two    2001   Ohio    1.7   NaN
three  2002   Ohio    3.6   NaN
four   2001   Nevada  2.4   NaN
five   2002   Nevada  2.9   NaN
six    2003   Nevada  3.2   NaN
In [10]: frame2.columns
Out[10]: Index(['year', 'state', 'pop', 'debt'], dtype = 'object')
```

通过类似字典标记的方式或属性的方式,可以将 DataFrame 的列获取为一个 Series,即

```
In [11]: frame2['state']
Out[11]:
one      Ohio
two      Ohio
three    Ohio
four     Nevada
five     Nevada
six      Nevada
Name: state, dtype: object


In [12]: frame2.year
Out[12]:
one      2000
two      2001
three    2002
four     2001
five     2002
six      2003
Name: year, dtype: int64
```

注意,返回的 Series 拥有与原 DataFrame 相同的索引,且其 name 属性也已经被相应地设置好了。行也可以通过位置或名称的方式进行获取,比如用 loc 属性(稍后将对此进行详细讲解),即

```
In [13]: frame2.loc['three']
Out[13]:
    year     2002
    state    Ohio
    pop      3.6
    debt     NaN
    Name: three, dtype: object
```

列可以通过赋值的方式进行修改。例如,可以给那个空的"debt"列赋上一个标量值或一组值,即

```
In [14]: frame2['debt'] = 16.5
In [15]: frame2
Out[15]:
           year    state    pop   debt
    one    2000    Ohio     1.5   16.5
    two    2001    Ohio     1.7   16.5
    three  2002    Ohio     3.6   16.5
    four   2001    Nevada   2.4   16.5
    five   2002    Nevada   2.9   16.5
    six    2003    Nevada   3.2   16.5

In [16]: frame2['debt'] = np.arange(6.)

In [17]: frame2
Out[17]:
           year    state    pop   debt
    one    2000    Ohio     1.5   0.0
    two    2001    Ohio     1.7   1.0
    three  2002    Ohio     3.6   2.0
    four   2001    Nevada   2.4   3.0
    five   2002    Nevada   2.9   4.0
    six    2003    Nevada   3.2   5.0
```

将列表或数组赋值给某个列时,其长度必须与 DataFrame 的长度相匹配。如果赋值的是一个 Series,就会精确匹配 DataFrame 的索引,所有的空位都将被填上缺失值,即

```
In [18]: val = pd.Series([-1.2, -1.5, -1.7], index = ['two', 'four', 'five'])
In [19]: frame2['debt'] = val
In [20]: frame2
Out[20]:
           year    state    pop   debt
```

```
one    2000   Ohio    1.5   NaN
two    2001   Ohio    1.7   -1.2
three  2002   Ohio    3.6   NaN
four   2001   Nevada  2.4   -1.5
five   2002   Nevada  2.9   -1.7
six    2003   Nevada  3.2   NaN
```

为不存在的列赋值会创建出一个新列。关键字 del 用于删除列。

作为 del 的例子,下面示例中先添加一个新的布尔值的列,判断 state 是否为"Ohio":

In [21]: frame2['eastern'] = frame2.state == 'Ohio'

In [22]: frame2

Out[22]:

```
       year   state   pop   debt   eastern
one    2000   Ohio    1.5   NaN    True
two    2001   Ohio    1.7   -1.2   True
three  2002   Ohio    3.6   NaN    True
four   2001   Nevada  2.4   -1.5   False
five   2002   Nevada  2.9   -1.7   False
six    2003   Nevada  3.2   NaN    False
```

del 方法可以用来删除这列,即

In [23]: del frame2['eastern']

In [24]: frame2.columns

Out[24]: Index(['year', 'state', 'pop', 'debt'], dtype='object')

通过索引方式返回的列只是相应数据的视图而已,并不是副本。因此,对返回的 Series 所做的任何就地修改全都会反映到源 DataFrame 上。通过 Series 的 copy 方法即可指定复制列。

另一种常见的数据形式是嵌套字典。例如:

In [25]: pop = {'Nevada': {2001: 2.4, 2002: 2.9},
   ....: 'Ohio': {2000: 1.5, 2001: 1.7, 2002: 3.6}}

如果嵌套字典传给 DataFrame, Pandas 就会被解释为:外层字典的键作为列,内层键则作为行索引,即

In [26]: frame3 = pd.DataFrame(pop)

In [27]: frame3

Out[27]:

```
       Nevada   Ohio
2001   2.4      1.7
2002   2.9      3.6
2000   NaN      1.5
```

也可以使用类似 NumPy 数组的方法对 DataFrame 进行转置(交换行和列)。例如:

```
In [28]: frame3.T
Out[28]:
        2001  2002  2000
Nevada   2.4   2.9   NaN
Ohio     1.7   3.6   1.5
```

内层字典的键会被合并、排序以形成最终的索引。如果明确指定了索引,则不会这样。例如:

```
In [29]: pd.DataFrame(pop, index=[2001, 2002, 2003])
Out[29]:
      Nevada  Ohio
2001     2.4   1.7
2002     2.9   3.6
2003     NaN   NaN
```

由 Series 组成的字典差不多也是一样的用法。例如:

```
In [30]: pdata = {'Ohio': frame3['Ohio'][:-1],
   ....:          'Nevada': frame3['Nevada'][:2]}
In [31]: pd.DataFrame(pdata)
Out[31]:
      Ohio  Nevada
2001   1.7     2.4
2002   3.6     2.9
```

如果设置了 DataFrame 的 index 和 columns 的 name 属性,则这些信息也会被显示出来,即

```
In [32]: frame3.index.name = 'year'; frame3.columns.name = 'state'
In [33]: frame3
Out[33]:
state  Nevada  Ohio
year
2001      2.4   1.7
2002      2.9   3.6
2000      NaN   1.5
```

跟 Series 一样,values 属性也会以二维 ndarray 的形式返回 DataFrame 中的数据。例如:

```
In [34]: frame3.values
Out[34]:
array([[2.4, 1.7],
       [2.9, 3.6],
       [nan, 1.5]])
```

如果 DataFrame 各列的数据类型不同,则值数组的 dtype 就会选用能兼容所有列的数据类型。例如:

```
In [35]: frame2.values
Out[35]:
    array([[2000, 'Ohio', 1.5, nan],
           [2001, 'Ohio', 1.7, -1.2],
           [2002, 'Ohio', 3.6, nan],
           [2001, 'Nevada', 2.4, -1.5],
           [2002, 'Nevada', 2.9, -1.7],
           [2003, 'Nevada', 3.2, nan]], dtype=object)
```

3.6 数据加载、存储与文件格式

本次授课的目的和要求:

- 数据加载、存储与文件格式

本次授课的重点、难点及解决措施:

- 重点:数据加载、存储与文件格式
- 难点:使用 Pandas 对文本进行读取和写入
- 解决措施:查找相关论文,在 github 查找相关项目,加深理解

本次授课采用的教学方式、方法:

讲授、实验

本次授课采用的教具、挂图及工具:

Python 3.6 +

课后作业内容与预估计完成时间:

- 预计完成时间:60 分钟
- 查找相关资料
- 复现实验环境与结果
- 预习下一节内容

思考一分钟:

将文本数据转换为 DataFrame 时用到了哪几大类技术?

本次课的小结与改进措施:

3.6.1 读取文本格式的数据

Pandas 提供了一些用于将表格型数据读取为 DataFrame 对象的函数。函数在将文本数据转换为 DataFrame 时所用到的一些技术可以划分为以下几个大类：

(1)索引：将一个或多个列当作返回的 DataFrame 处理，以及判断是否从文件、用户获取列名。

(2)类型推断和数据转换：包括用户定义值的转换和自定义的缺失值标记列表等。

(3)日期解析：包括组合功能，比如将分散在多个列中的日期时间信息组合成结果中的单个列。

(4)迭代：支持对大文件进行逐块迭代。

(5)不规整数据问题：跳过一些行、页脚、注释或其他不重要的东西(比如由成千上万个逗号隔开的数值数据)。

不需要指定列的类型到底是数值、整数、布尔值，还是字符串。其他的数据格式，如 HDF5、Feather 和 msgpack，会在格式中存储数据类型。日期和其他自定义类型的处理需要多花点工夫才行。首先来看一个以逗号分隔的(CSV)文本文件：

```
In [4]: df = pd.read_csv('examples/ex1.csv')
In [5]: df
Out[5]:
   a  b   c   d message
0  1  2   3   4   hello
1  5  6   7   8   world
2  9  10  11  12    foo
```

还可以使用 read_table，并指定分隔符，如：

```
In [6]: pd.read_table('examples/ex1.csv', sep = ',')
Out[6]:
   a  b   c   d message
0  1  2   3   4   hello
1  5  6   7   8   world
2  9  10  11  12    foo
```

并不是所有文件都有标题行。看看下面这个文件：

```
In [7]: ! cat examples/ex2.csv
1, 2, 3, 4, hello
5, 6, 7, 8, world
9, 10, 11, 12, , foo
```

读入该文件的办法有两个：可以让 Pandas 为其分配默认的列名，也可以自己定义列名，如：

```
In [8]: pd.read_csv('examples/ex2.csv', header = None)
```

Out[8]:
```
   0   1   2   3      4
0  1   2   3   4  hello
1  5   6   7   8  world
2  9  10  11  12    foo
```

In [9]: pd.read_csv('examples/ex2.csv', names = ['a', 'b', 'c', 'd', 'message'])
Out[9]:
```
   a   b   c   d  message
0  1   2   3   4    hello
1  5   6   7   8    world
2  9  10  11  12      foo
```

假设希望将 message 列做成 DataFrame 的索引。可以明确表示要将该列放到索引 4 的位置上，也可以通过 index_col 参数指定 message，即

In [10]: names = ['a', 'b', 'c', 'd', 'message']
In [10]: pd.read_csv('examples/ex2.csv', names = names, index_col = 'message')
Out[11]:
```
         a   b   c   d
message
hello    1   2   3   4
world    5   6   7   8
foo      9  10  11  12
```

如果希望将多个列做成一个层次化索引，只需传入由列编号或列名组成的列表即可：

In [12]: ! cat examples/csv_mindex.csv
key1,key2,value1,value2
one,a,1,2
one,b,3,4
one,c,5,6
one,d,7,8
two,a,9,10
two,b,11,12
two,c,13,14
two,d,15,16

In [13]: parsed = pd.read_csv('examples/csv_mindex.csv',
   ....:   index_col = ['key1', 'key2'])

```
In [14]: parsed
Out[14]:
                value1  value2
key1 key2
one  a            1       2
     b            3       4
     c            5       6
     d            7       8
two  a            9      10
     b           11      12
     c           13      14
     d           15      16
```

有些情况下,有些表格可能不是用固定的分隔符去分隔字段的(比如空白符或其他模式)。看看下面这个文本文件:

```
In [15]: list(open('examples/ex3.txt'))
Out[15]:
['            A         B         C\n',
 'aaa  -0.264438  -1.026059  -0.619500\n',
 'bbb   0.927272   0.302904  -0.032399\n',
 'ccc  -0.264273  -0.386314  -0.217601\n',
 'ddd  -0.871858  -0.348382   1.100491\n']
```

可以手动对数据进行规整,上例中的字段是被数量不同的空白字符间隔开的。这种情况下,可以传递一个正则表达式作为 read_table 的分隔符。可以用正则表达式表达为 \s+,于是有:

```
In [16]: result = pd.read_table('examples/ex3.txt', sep='\s+')
In [16]: result
Out[17]:
           A         B         C
aaa  -0.264438 -1.026059 -0.619500
bbb   0.927272  0.302904 -0.032399
ccc  -0.264273 -0.386314 -0.217601
ddd  -0.871858 -0.348382  1.100491
```

这里,由于列名比数据行的数量少,所以 read_table 推断第一列应该是 DataFrame 的索引。这些解析器函数还有许多参数可以帮助处理各种各样的异形文件格式。比如说,可以用 skiprows 跳过文件的第一行、第三行和第四行,即

```
In [18]: ! cat examples/ex4.csv
# hey!
a,b,c,d,message
```

```
# just wanted to make things more difficult for you
# who reads CSV files with computers, anyway?
1,2,3,4,hello
5,6,7,8,world
9,10,11,12,foo
```
In [19]: pd.read_csv('examples/ex4.csv', skiprows=[0, 2, 3])
Out[19]:
```
   a   b   c   d message
0  1   2   3   4   hello
1  5   6   7   8   world
2  9  10  11  12     foo
```

缺失值处理是文件解析任务中的一个重要组成部分。缺失数据经常是要么没有(空字符串)，要么用某个标记值表示。默认情况下，Pandas 会用一组经常出现的标记值进行识别，比如 NA 及 NULL，即

```
In [20]: ! cat examples/ex5.csv
something,a,b,c,d,message
one,1,2,3,4,NA
two,5,6,,8,world
three,9,10,11,12,foo
```
In [21]: result = pd.read_csv('examples/ex5.csv')
In [22]: result
Out[22]:
```
  something  a   b     c   d message
0       one  1   2   3.0   4     NaN
1       two  5   6   NaN   8   world
2     three  9  10  11.0  12     foo
```

In [23]: pd.isnull(result)
Out[23]:
```
  something      a      b      c      d message
0     False  False  False  False  False    True
1     False  False  False   True  False   False
2     False  False  False  False  False   False
```

na_values 可以用一个列表或集合的字符串表示缺失值，如

In [24]: result = pd.read_csv('examples/ex5.csv', na_values=['NULL'])
In [25]: result
Out[25]:
```
  something  a   b   c   d message
```

```
0      one   1   2   3.0   4      NaN
1      two   5   6   NaN   8    world
2    three   9  10  11.0  12      foo
```

字典的各列可以使用不同的 NA 标记值,即

In [26]: sentinels = {'message': ['foo', 'NA'], 'something': ['two']}
In [27]: pd.read_csv('examples/ex5.csv', na_values = sentinels)
Out[27]:
```
   something   a   b     c   d  message
0        one   1   2   3.0   4      NaN
1        NaN   5   6   NaN   8    world
2      three   9  10  11.0  12      NaN
```

3.6.2 写入文本格式的数据

数据也可以被输出为分隔符格式的文本。再来看看之前读过的一个 CSV 文件:

In [28]: data = pd.read_csv('examples/ex5.csv')
In [29]: data
Out[29]:
```
   something   a   b     c   d  message
0        one   1   2   3.0   4      NaN
1        two   5   6   NaN   8    world
2      three   9  10  11.0  12      foo
```

利用 DataFrame 的 to_csv 方法,可以将数据写到一个以逗号分隔的文件中:

In [30]: data.to_csv('examples/out.csv')
In [31]: ! cat examples/out.csv
,something,a,b,c,d,message
0,one,1,2,3.0,4,
1,two,5,6,,8,world
2,three,9,10,11.0,12,foo

当然,还可以使用其他分隔符(由于这里直接写出到 sys.stdout,所以仅仅是打印出文本结果而已):

In [32]: import sys
In [33]: data.to_csv(sys.stdout, sep = '|')
|something|a|b|c|d|message
0|one|1|2|3.0|4|
1|two|5|6||8|world
2|three|9|10|11.0|12|foo

缺失值在输出结果中会被表示为空字符串。可能希望将其表示为别的标记值,如:

In [34]: data.to_csv(sys.stdout, na_rep = 'NULL')

```
,something,a,b,c,d,message
0,one,1,2,3.0,4,NULL
1,two,5,6,NULL,8,world
2,three,9,10,11.0,12,foo
```

如果没有设置其他选项,则会写出行和列的标签。当然,它们也都可以被禁用,如:

In [35]: data.to_csv(sys.stdout, index = False, header = False)
```
one,1,2,3.0,4,
two,5,6,,8,world
three,9,10,11.0,12,foo
```

此外,还可以只写出一部分的列,并以指定的顺序排列,如:

In [36]: data.to_csv(sys.stdout, index = False, columns = ['a', 'b', 'c'])
```
a,b,c
1,2,3.0
5,6,
9,10,11.0
```

Series 也有一个 to_csv 方法,如:

In [37]: dates = pd.date_range('1/1/2000', periods = 7)
In [38]: ts = pd.Series(np.arange(7), index = dates)
In [39]: ts.to_csv('examples/tseries.csv')
In [40]: ! cat examples/tseries.csv
```
,0
2000-01-01,0
2000-01-02,1
2000-01-03,2
2000-01-04,3
2000-01-05,4
2000-01-06,5
2000-01-07,6
```

3.7 数据清洗和准备

本次授课的目的和要求:

- 数据清洗和准备

本次授课的重点、难点及解决措施:

- 重点:数据清洗和准备
- 难点:Pandas 对缺失数据的处理

- 解决措施:查找相关论文,在 github 查找相关项目,加深理解

本次授课采用的教学方式、方法:

讲授、实验

本次授课采用的教具、挂图及工具:

Python 3.6 +

课后作业内容与预估计完成时间:

- 预计完成时间:30 分钟
- 查找相关资料
- 复现实验环境与结果
- 预习下一节内容

思考一分钟:

Pandas 中有哪些关于缺失数据处理的函数?fillna 函数有哪些参数?

本次课的小结与改进措施:

在数据分析和建模过程中,相当多的时间要用在数据准备上:加载、清理、转换以及重塑。这些工作会占到分析时间的 80% 或更多。有时存储在文件和数据库中的数据的格式不适合某个特定的任务。许多研究者都选择使用通用编程语言(如 Python、Perl、R 或 Java)或 UNIX 文本处理工具(如 sed 或 awk)对数据格式进行专门处理。幸运的是,pandas 和内置的 Python 标准库提供了一组高级的、灵活的、快速的工具,可以轻松地将数据规整为想要的格式。

3.7.1 处理缺失数据

在许多数据分析工作中,缺失数据是经常发生的。pandas 的目标之一就是尽量轻松地处理缺失数据。例如,pandas 对象的所有描述性统计默认都不包括缺失数据。

缺失数据在 pandas 中呈现的方式有些不完美,但对于大多数用户可以保证功能正常。对于数值数据,pandas 使用浮点值 NaN(Not a Number)表示缺失数据。我们称其为哨兵值,可以方便地检测出来,例如:

```
In [3]: string_data = pd.Series(['aardvark', 'artichoke', np.nan, 'avocado'])
In [4]: string_data
```

```
Out[4]:
0      aardvark
1     artichoke
2           NaN
3       avocado
dtype: object

In [5]: string_data.isnull()
Out[5]:
0    False
1    False
2     True
3    False
dtype: bool
```

在 pandas 中,采用了 R 语言中的惯用法,即将缺失值表示为 NA,它表示不可用(not available)。在统计应用中,NA 数据可能是不存在的数据,或者虽然存在但是没有观察到(例如,数据采集中发生了问题)。当进行数据清洗时,最好直接对缺失数据进行分析,以判断数据采集的问题或缺失数据可能导致的偏差。

Python 内置的 None 值在对象数组中也可以作为 NA,例如:

```
In [6]: string_data[0] = None
In [7]: string_data.isnull()
Out[7]:
0     True
1    False
2     True
3    False
dtype: bool
```

pandas 项目中还在不断优化内部细节以更好处理缺失数据,像用户 API 功能,例如 pandas.isnull,去除了许多恼人的细节。表 3.1 列出了一些关于缺失数据处理的函数。

表 3.1 关于缺失数据处理的函数

方法	说明
dropna	根据各标签的值中是否存在缺失数据对轴标签进行过滤,可通过阈值调对缺失值的容忍度
fillna	用指定值或插值方法(如 ffill 或 bfill)填充缺失数据
isnull	返回一个含有布尔值的对象,这些布尔值表示哪些值是缺失值/NA,该对象的类型与源类型一样
notnull	isnull 的否定式

3.7.2 滤除缺失数据

过滤掉缺失数据的办法有很多种,可以通过 pandas.isnull 或布尔索引的手工方法,但 dropna 可能会更实用一些。对于一个 Series, dropna 返回一个仅含非空数据和索引值的 Series,如

```
In [8]: from numpy import nan as NA
In [9]: data = pd.Series([1, NA, 3.5, NA, 7])
In [10]: data.dropna()
Out[10]:
    0    1.0
    2    3.5
    4    7.0
    dtype: float64
```

这等价于

```
In [11]: data[data.notnull()]
Out[11]:
    0    1.0
    2    3.5
    4    7.0
    dtype: float64
```

而对于 DataFrame 对象,事情就有点复杂了。可能希望丢弃全 NA 或含有 NA 的行或列。dropna 默认丢弃任何含有缺失值的行如下:

```
In [12]: data = pd.DataFrame([[1., 6.5, 3.], [1., NA, NA],
   ....: [NA, NA, NA], [NA, 6.5, 3.]])

In [13]: cleaned = data.dropna()
In [14]: data
Out[14]:
       0     1     2
   0  1.0   6.5   3.0
   1  1.0   NaN   NaN
   2  NaN   NaN   NaN
   3  NaN   6.5   3.0

In [15]: cleaned
Out[15]:
```

```
         0    1    2
0       1.0  6.5  3.0
```

传入 how = 'all' 将只丢弃全为 NA 的那些行，即

```
In [16]: data.dropna(how = 'all')
Out[16]:
         0    1    2
0       1.0  6.5  3.0
1       1.0  NaN  NaN
3       NaN  6.5  3.0
```

用这种方式丢弃列，只需传入 axis = 1 即可，

```
In [17]: data[4] = NA
In [18]: data
Out[18]:
         0    1    2    4
0       1.0  6.5  3.0  NaN
1       1.0  NaN  NaN  NaN
2       NaN  NaN  NaN  NaN
3       NaN  6.5  3.0  NaN
In [19]: data.dropna(axis =1, how = 'all')
Out[19]:
         0    1    2
0       1.0  6.5  3.0
1       1.0  NaN  NaN
2       NaN  NaN  NaN
3       NaN  6.5  3.0
```

另一个滤除 DataFrame 行的问题涉及时间序列数据。假设只想留下一部分观测数据，可以用 thresh 参数实现此目的，如

```
In [20]: df = pd.DataFrame(np.random.randn(7,3))
In [21]: df.iloc[:4,1] = NA
In [22]: df.iloc[:2,2] = NA
In [23]: df
Out[23]:
           0          1          2
0       -0.204708    NaN        NaN
1       -0.555730    NaN        NaN
2        0.092908    NaN     0.769023
3        1.246435    NaN    -1.296221
```

```
         4   0.274992    0.228913    1.352917
         5   0.886429   -2.001637   -0.371843
         6   1.669025   -0.438570   -0.539741
```

In [24]: df.dropna()
Out[24]:
```
                0           1           2
         4   0.274992    0.228913    1.352917
         5   0.886429   -2.001637   -0.371843
         6   1.669025   -0.438570   -0.539741
```

In [25]: df.dropna(thresh=2)
Out[25]:
```
                0           1           2
         2   0.092908       NaN      0.769023
         3   1.246435       NaN     -1.296221
         4   0.274992    0.228913    1.352917
         5   0.886429   -2.001637   -0.371843
         6   1.669025   -0.438570   -0.539741
```

3.7.3 填充缺失数据

如果不想滤除缺失数据(有可能会丢弃跟它有关的其他数据),而是希望通过其他方式填补那些"空洞"。对于大多数情况而言,fillna 方法是最主要的函数。通过一个常数调用 fillna 就会将缺失值替换为那个常数值,即

In [26]: df.fillna(0)
Out[26]:
```
                0           1           2
         0  -0.204708    0.000000    0.000000
         1  -0.555730    0.000000    0.000000
         2   0.092908    0.000000    0.769023
         3   1.246435    0.000000   -1.296221
         4   0.274992    0.228913    1.352917
         5   0.886429   -2.001637   -0.371843
         6   1.669025   -0.438570   -0.539741
```

若是通过一个字典调用 fillna,就可以实现对不同的列填充不同的值,即

In [27]: df.fillna({1: 0.5, 2: 0})
Out[27]:
```
                0           1           2
```

```
            0           1          2
0   -0.204708    0.500000   0.000000
1   -0.555730    0.500000   0.000000
2    0.092908    0.500000   0.769023
3    1.246435    0.500000  -1.296221
4    0.274992    0.228913   1.352917
5    0.886429   -2.001637  -0.371843
6    1.669025   -0.438570  -0.539741
```

fillna 默认会返回新对象,但也可以对现有对象进行就地修改,如

```
In [28]: _ = df.fillna(0, inplace = True)
In [29]: df
Out[29]:
            0           1          2
0   -0.204708    0.000000   0.000000
1   -0.555730    0.000000   0.000000
2    0.092908    0.000000   0.769023
3    1.246435    0.000000  -1.296221
4    0.274992    0.228913   1.352917
5    0.886429   -2.001637  -0.371843
6    1.669025   -0.438570  -0.539741
```

表 3.2 列出了 fillna 的函数参数。

表 3.2 fillna 的函数参数

参数	说明
axis	待填充的轴,默认 axis = 0
inplace	修改调用者对象而不产生副本
limit	(对于前向和后向填充)可以连续填充的最大数量

3.8　图像数据读取与处理

本次授课的目的和要求:

- 图像数据读取与处理

本次授课的重点、难点及解决措施:

- 重点:图像数据读取与处理
- 难点:OpenCV 的环境配置和 OpenCV – Python 图像操作
- 解决措施:查找相关论文,在 github 查找相关项目,加深理解

本次授课采用的教学方式、方法：

讲授、实验

本次授课采用的教具、挂图及工具：

Python 3.6 +、Pycharm、Vs Code

课后作业内容与预估计完成时间：

- 预计完成时间:90 分钟
- 查找相关资料
- 复现实验环境与结果
- 预习下一节内容

思考一分钟：

OpenCV 图像处理流程有哪些？什么是 RGB 颜色空间的"加注颜色"属性？

本次课的小结与改进措施：

3.8.1 计算机视觉

计算机视觉是一个研究如何处理、分析和理解视觉数据内容的领域。在图像内容分析中，会用到很多计算机视觉算法来构建人们对图像对象的理解。计算机视觉包括很多方面的图像分析，例如，目标识别、形状分析、姿态估计、3D 建模、视觉搜索等。人类非常擅长鉴定和识别其周边的事物，而计算机视觉的终极目标就是用计算机准确地模拟人类的视觉系统。

计算机视觉包括多个级别的分析。在低级视觉分析领域，计算机视觉可以进行像素处理，例如，边检测、形态处理和光流。在中级和高级视觉分析领域，计算机视觉可以处理事物，例如，物体识别、3D 建模、运动分析，以及其他方面的视觉数据。随着分析层次的深入，对视觉系统的各个概念钻研得更加深入，并基于活动和意图提取出对视觉数据的描述。值得注意的一点是，高层次的分析往往依赖低层次分析的输出结果。

关于计算机视觉最常见的一个问题是"计算机视觉与图像处理有什么不同"。图像处理是在像素级别对图像进行变换。图像处理系统的输入和输出都是图像，常用的图像处理有边检测、直方图均衡化和图像压缩。计算机视觉算法大量依赖了图像处理算法来执行任务。在计算机视觉领域，还处理更复杂的事情，例如，在概念层级理解视觉数据，期望借此帮助自己构建对图像对象更有意义的描述。计算机视觉系统的输出是给定图像的3D场景的描述,这样的描述可以是各种形式的,而这取决于实际需求。

3.8.2 OpenCV 介绍

OpenCV 是一个基于(开源)发行的跨平台计算机视觉库,可以运行在 Linux、Windows 和 Mac OS 操作系统上。它轻量级而且高效——由一系列 C 函数和少量 C++ 类构成,同时也提供了 Python 接口,实现了图像处理和计算机视觉方面的很多通用算法。在本节中,将介绍 OpenCV 库,包括它的主要模块和典型应用场景。

3.8.3 Open CV 应用场景

OpenCV 可以应用但不仅限于以下场景:二维和三维特征提取、街景图像拼接、人脸识别系统、手势识别、人机交互、动作识别、物体识别、自动检查和监视、分割与识别、医学图像分析、运动跟踪、增强现实、视频/图像搜索与检索、机器人与无人驾驶汽车导航与控制、驾驶员疲劳驾驶检测等。

3.8.4 图像处理中的主要问题

把图像看作三维世界的二维视图,那么数字图像作为 2D 图像可以使用称为像素的有限数字集进行表示(像素的概念将在像素、颜色、通道、图像和颜色空间部分中详细解释)。将计算机视觉的目标定义为将这些 2D 数据转换为以下内容:

(1)新的数据表示(例如,新图像)。

(2)决策目标(例如,执行具体决策任务)。

(3)目标结果(例如,图像的分类)。

(4)信息提取(例如,目标检测)。

在进行图像处理时,经常会遇到以下问题:

(1)图像的模糊性,透视的影响,导致图像视觉外观发生变化。例如,从不同的角度看同一个物体会产生不同的图像。

(2)图像通常会受许多自然因素的影响,如光照、天气、反射和运动。

(3)图像中的一部分对象也可能会被其他对象遮挡,使得被遮挡的对象难以检测或分类。随着遮挡程度的增加,图像处理的任务(例如,图像分类)可能非常具有挑战性。

为了更好地解释上述问题,假设需要开发一个人脸检测系统。该系统应足够鲁棒,以应对光照或天气条件的变化;此外,该系统应该可以处理头部的运动,检测用户的头部在坐标系中每个轴上进行一定程度的动作(抬头、摇头和低头,用户可以离相机稍近或稍远)。而许多人脸检测算法在人脸接近正面时表现出良好的性能,但是,如果一张脸不是正面的(例如,侧面对着镜头),算法就无法检测到它。此外,算法需要即使在用户戴着近视眼镜或太阳镜时,也能检测面部(即使眼镜会在眼睛区域产生遮挡)。综上所述,当开发一个计算机视觉项目时,必须综合考虑所有因素,一个很好的表征方法是使用大量测试图像来验证算法。也可以根据测试图像的不同困难程度来对它们进行分类,以便于检测算法的弱点,提高算法的鲁棒性。

3.8.5 图像处理流程

完整的图像处理程序通常可以分为以下三个步骤:

第一步,读取图像,图像的获取可以有多种不同的来源(相机、视频流、磁盘、在线资源),因此图像的读取可能涉及多个函数,以便可以从不同的来源读取图像。

第二步,图像处理,通过应用图像处理技术来处理图像,以实现所需的功能(例如,检测图像中的猫)。

第三步,显示结果,将图像处理完成后的结果以人类可读的方式进行呈现(例如,在图像中绘制边界框,有时也可能需要将其保存到磁盘)。

此外,上述第二步图像处理可以进一步分为三个不同的处理级别:

(1)低层处理(或者在不引起歧义的情况下可以称为预处理),通常将一个图像作为输入,然后输出另一个图像。可在此步骤中应用的操作包括但不限于以下方法:噪声消除、图像锐化、光照归一化以及透视校正等。

(2)中层处理:是将预处理后的图像提取其主要特征(例如采用 DNN 模型得到的图像特征),输出某种形式的图像表示,它提取了用于图像进一步处理的主要特征。

(3)高层处理:接受中层处理得到的图像特征并输出最终结果。例如,处理的输出可以是检测到的人脸。

3.8.6 像素、颜色、通道、图像和颜色空间

在表示图像时,有多种不同的颜色模型,但最常见的是红、绿、蓝(RGB)模型。

RGB 模型是一种加法颜色模型,其中原色(在 RGB 模型中,原色是红色 R、绿色 G 和蓝色 B)混合在一起就可以用来表示广泛的颜色范围。

每个原色(R,G,B)通常表示一个通道,其取值范围为[0,255]内的整数值,如图 3.2 所示。

在右图中,可以看到 RGB 颜色空间的"加法颜色"属性:

(1)红色加绿色会得到黄色。
(2)蓝色加红色会得到品红。
(3)蓝色加绿色会得到青色。
(4)三种原色加在一起得到白色。

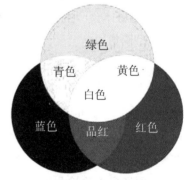

图 3.2 RGB 颜色空间

因此，如前所述，RGB 颜色模型中，特定颜色可以由红、绿和蓝值分量合成表示，将像素值表示为 RGB 三元组（r，g，b）。典型的 RGB 颜色选择器如图 3.3 所示。

分辨率为 800×1 200 的图像是一个包含 800 列和 1 200 行的网格，每个网格称为一个像素，因此其中包含 800×1 200＝96 万像素。应当注意，图像中有多少像素并不表示其物理尺寸（一个像素不等于一毫米）。相反，像素的大小取决于为该图像设置的每英寸像素数（Pixels Per Inch，PPI）。图像的 PPI 一般设置在 [200,400] 范围内。

计算 PPI 的基本公式如下：
- PPI ＝ 宽度(像素) / 图像宽度(英寸)
- PPI ＝ 高度(像素) / 图像高度(英寸)

例如，一个 4×6 英寸图像，图像分辨率为 800×1 200，则 PPI 是 200。

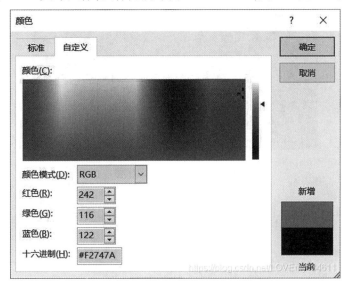

图 3.3　典型的 RGB 颜色选择器

3.8.7　用 OpenCV – Python 操作图像

下面看看如何用 OpenCV – Python 操作图像。这一节将介绍如何加载并展示图像，并介绍如何裁剪、调整大小，并将图像保存到输出文件中。

详细步骤如下：

创建一个 Python 文件，并导入以下程序包：

```
import sys
    import cv2
    import numpy as np
'''
```

指定输入图像为文件的第一个参数，并使用图像读取函数来读取参数。下面这个例子中将用到 forest.jpg,如图 3.4 所示。
'''
```
# 加载并显示图像 -- 'forest.jpg'
input_file = sys.argv[1]
img = cv2.imread(input_file)
#显示输入图像
cv2.imshow('Original', img)
cv2.waitkey()   #waitkey()函数保持显示图像,直到按下键盘的任意一个按键
```

图 3.4　加载并显示图像

裁剪该图像,提取输入图像的高度和宽度,然后指定边界:
```
# 裁剪图像
h, w = img.shape[:2]
start_row, end_row = int(0.21*h), int(0.73*h)
start_col, end_col = int(0.37*w), int(0.92*w)
```
'''
用 NumPy 式的切分方式裁剪图像,并将其展示出来,如图 3.5 所示。

图 3.5　裁剪图像

'''
```
img_cropped = img[start_row:end_row, start_col:end_col]
```

```
cv2.imshow('Cropped', img_cropped)
```
cv2.waitkey()　　#waitkey()函数保持显示图像,直到按下键盘的任意一个按键

将图像大小调整为其原始大小的 1.3 倍,并将其展示出来,如图 3.6 所示。

图 3.6　调整原始图像 1.3 倍大小

```
# 调整图像大小
scaling_factor = 1.3
img_scaled = cv2.resize(img, None, fx = scaling_factor, fy = scaling_ factor, interpolation = cv2.INTER_LINEAR)
    cv2.imshow('Uniform resizing', img_scaled)
```
cv2.waitkey()　　#waitkey()函数保持显示图像,直到按下键盘的任意一个按键

之前的方法将均匀地在两个维度上扩展图像。假定仅在某一个维度进行调整,可以用以下代码实现:

将图像大小调整为其原始大小的 1.3 倍,并将其展示出来如图 3.7 所示。

图 3.7　在某一个维度,调整原始图像 1.3 倍大小

调整图像大小
```
scaling_factor = 1.3
img_scaled = cv2.resize(img, None, fx = scaling_factor, fy = scaling_factor,interpolation = cv2.INTER_LINEAR)
img_scaled = cv2.resize(img, (250, 400), interpolation = cv2.INTER_AREA),
cv2.imshow('Skewed resizing', img_scaled)
    cv2.imshow('Uniform resizing', img_scaled)
```
将图像保存到输出文件,如图 3.8 所示。
```
# 保存图像
output_file = input_file[:-4] + '_cropped.jpg'
cv2.imwrite(output_file, img_cropped)
    cv2.waitKey()#waitKey 函数保持显示图像,直到按下键盘上的任一个按键
```

| forest.jpg | 2022/4/18 19:15 | JPG 文件 | 166 KB |
| forest_cropped.jpg | 2022/4/18 21:11 | JPG 文件 | 54 KB |

图 3.8 输出文件

3.9 数据可视化基础

本次授课的目的和要求:
- 掌握数据可视化基础

本次授课的重点、难点及解决措施:
- 重点:数据可视化基础
- 难点:Matpltlib 绘图库的使用
- 解决措施:查找相关论文,在 github 查找相关项目,加深理解

本次授课采用的教学方式、方法:

讲授、实验

本次授课采用的教具、挂图及工具:

Python 3.6+、Pycharm、Vs Code

课后作业内容与预估计完成时间:
- 预计完成时间:30 分钟
- 查找相关资料
- 复现实验环境与结果

- 预习下一节内容

思考一分钟：

Python 常用的可视化工具有哪些？

本次课的小结与改进措施：

当前，在研究、教学和开发领域，数据可视化是一个极为活跃而又关键的方面。本节简单介绍了数据可视化的一些基础知识，主要对 Matplotlib 绘图库进行介绍。

数据可视化，就是指将结构或非结构数据转换成适当的可视化图表，然后将隐藏在数据中的信息直接展现于人们面前。相比传统的用表格或文档展现数据的方式，可视化能将数据以更加直观的方式展现出来，使数据更加客观、更具说服力。数据可视化已经被用于工作科研的方方面面，如工作报表、科研论文等，成了不可或缺的基础技能。现在，就一起来学习数据可视化的基础知识。

3.9.1 常用可视化工具

Python 有许多用于数据可视化的库，例如常见的有 seaborn、pyecharts（echarts 的 Python 版本）、ggplot（移植于 R 语言的 ggplot2，但是彼此有些差别，Python 有其他方法可以调用 R 语言的 ggplot2）、bokeh、Plotly（同时支持 Python 和 R 语言）等等，这些大多是基于 Matplotlib 进行开发封装的。Matplotlib 是一个 Python 2D 绘图库（使用 Matplotlib 发布的 mpl_toolkits 库可以画 3D 图形），能够以多种硬拷贝格式和跨平台的交互式环境生成出版物质量的图形，用来绘制各种静态、动态、交互式的图表。Matplotlib 是 Python 最著名的绘图库，它提供了一整套和 MATLAB 相似的命令 API，十分适合进行交互式制图。而且也可以方便地将它作为绘图控件，使用在 Python 脚本，Python 和 IPython Shell、Jupyter notebook、Web 应用程序服务器和各种图形用户界面工具包等上面。

3.9.2 Matplotlib 初识

Matplotlib 的图像是画在 figure（如 windows，jupyter 窗体）上的，每个 figure 又包含了一个或多个 axes（一个可以指定坐标系的子区域）。最简单的创建 figure 以及 axes 的方式是通过 pyplot. subplots 命令，创建 axes 以后，可以使用 Axes. plot 绘制最简易的折线图，如图 3.9 所示。

```
% matplotlib   # 在 IPython Shell 调用 Matplotlib 绘图接口,需要加这行代码
import matplotlib.pyplot as plt
import numpy as np
```

```
fig, ax = plt.subplots()    # 创建一个包含一个 axes 的 figure
# 绘图
ax.plot([1,2,3,4],[1,4,3,2])
```

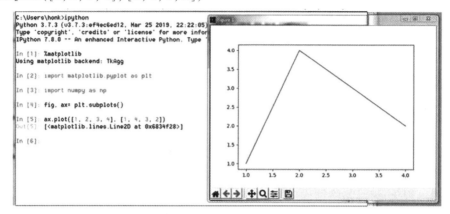

图 3.9　Axes.plot 绘制折线图

对于刚刚接触数据可视化的新手可能容易弄混,ax.plot([1,2,3,4],[1,4,3,2]) 这句代码里面第一个参数是数据集里各个数据点的 X 值的集合,第二个参数是数据集里各个数据点的 Y 值的集合。所以这里输入的参数值并不是数学上常见的成对坐标点如 $(x_1,y_1)(x_2,y_2)\cdots(x_n,y_n)$ 的格式,而是 $(x_1,x_2,\cdots,x_n)$ 和 $(y_1,y_2,\cdots,y_n)$。

和 MATLAB 命令类似,还可以通过一种更简单的方式绘制图像——matplotlib.pyplot 方法能够直接在当前 axes 上绘制图像,如果用户未指定 axes,matplotlib 会自动创建一个,所以上面的例子也可以简化为以下这一行代码,maplotlib 绘制折线图如图 3.10 所示。

```
plt.plot([1,2,3,4],[1,4,2,3])
```

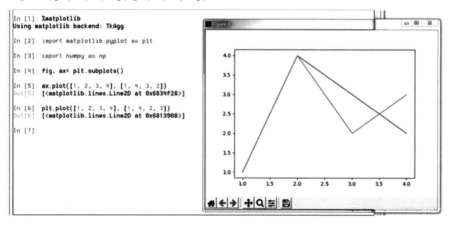

图 3.10　matplotlib 绘制折线图

3.9.3 Matplotlib 全貌

现在来深入看一下 figure 的组成。通过一张 figure 解剖图,可以看到一个完整的 matplotlib 图像通常会包括以下四个层级,这些层级也被称为容器(container)。在 matplotlib 的世界中,将通过各种命令方法来操纵图像中的每一个部分,从而达到数据可视化的最终效果,一副完整的图像实际上是各类子元素的集合,如图 3.11 所示。

(1)图表:顶层级,用来容纳所有绘图元素。

(2)轴线:matplotlib 宇宙的核心,容纳了大量元素,用来构造一幅幅子图,一个图表可以由一个或多个子图组成。

(3)轴:轴线的下属层级,用于处理所有和坐标轴、网格有关的元素。

(4)刻度:轴的下属层级,用来处理所有和刻度有关的元素。

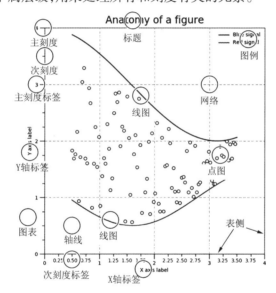

图 3.11 Matplotlib 各类元素示意图

3.10 数据可视化折线图、柱状图、散点图

本次授课的目的和要求:

- 数据可视化基础
- 数据可视化折线图、柱状图、散点图

本次授课的重点、难点及解决措施:

- 重点:数据可视化基础,数据可视化折线图、柱状图、散点图

- 难点:各类图形的绘制
- 解决措施:查找相关论文,github 查找相关项目,加深理解

本次授课采用的教学方式、方法:

讲授、实验

本次授课采用的教具、挂图及工具:

Python 3.6 + 、Vs Code

课后作业内容与预估计完成时间:

- 预计完成时间:60 分钟
- 查找相关资料
- 复现实验环境与结果
- 预习下一节内容

思考一分钟:

绘制各类图形采用了哪些方法?

本次课的小结与改进措施:

3.10.1 常见图形种类及意义

1. 折线图

折线图是以折线的上升或下降来表示统计数量的增减变化的统计图。

特点:能够显示数据的变化趋势,反映事物的变化情况。(变化)

api:plt.plot(x, y)

2. 散点图

散点图是用两组数据构成多个坐标点,考查坐标点的分布,判断两变量之间是否存在某种关联或总结坐标点的分布模式。

特点:判断变量之间是否存在数量关联趋势,展示离群点。(分布规律)

api:plt.scatter(x, y)

3. 柱状图

排列在工作表的列或行中的数据可以绘制到柱状图中。

特点：绘制离散的数据，能够一眼看出各个数据的大小，比较数据之间的差别。（统计/对比）

api:plt.bar(x, width, align='center', **kwargs)

4. 直方图

直方图是由一系列高度不等的纵向条纹或线段来表示数据的分布情况。一般用横轴表示数据范围，纵轴表示分布情况。

特点：绘制连续性的数据，展示一组或者多组数据的分布状况。（统计）

api:matplotlib.pyplot.hist(x, bins=None)

5. 饼图

饼图用于表示不同分类的占比情况，通过弧度大小来对比各种分类。

特点：展示分类数据的占比情况。（占比）

api:plt.pie(x, labels=, autopct=, colors)

3.10.2 散点图绘制

需求：探究房屋面积和房屋价格的关系，输出结果如图 3.12 所示。

房屋面积数据：

x = [225.98, 247.07, 253.14, 457.85, 241.58, 301.01, 20.67, 288.64, 163.56, 120.06, 207.83, 342.75, 147.9, 53.06, 224.72, 29.51, 21.61, 483.21, 245.25, 399.25, 343.35]

房屋价格数据：

y = [196.63, 203.88, 210.75, 372.74, 202.41, 247.61, 24.9, 239.34, 140.32, 104.15, 176.84, 288.23, 128.79, 49.64, 191.74, 33.1, 30.74, 400.02, 205.35, 330.64, 283.45]

房屋面积和房屋价格的关系，代码如下：

```
# coding=gbk
import matplotlib.pyplot as plt


#0.准备数据
x = [225.98, 247.07, 253.14, 457.85, 241.58, 301.01, 20.67, 288.64,
     163.56, 120.06, 207.83, 342.75, 147.9, 53.06, 224.72, 29.51,
     21.61, 483.21, 245.25, 399.25, 343.35]
y = [196.63, 203.88, 210.75, 372.74, 202.41, 247.61, 24.9, 239.34,
     140.32, 104.15, 176.84, 288.23, 128.79, 49.64, 191.74, 33.1,
     30.74, 400.02, 205.35, 330.64, 283.45]

#1.创建画布
```

```
plt.figure(figsize=(20,8),dpi=100)

#2.绘制散点图
plt.scatter(x,y)

#3.显示图像
plt.show()
```

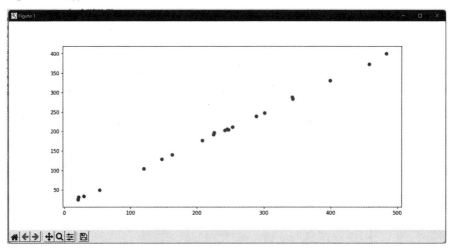

图3.12 房屋面积和房屋价格的输出结果

3.10.3 柱状图绘制

需求:对比每部电影的票房收入,电影票房收入对比柱状图如图3.13所示。

准备数据:

['雷神3:诸神黄昏','正义联盟','东方快车谋杀案','寻梦环游记','全球风暴','降魔传','追捕','七十七天','密战','狂兽','其他']

[73853,57767,22354,15969,14839,8725,8716,8318,7916,6764,52222]

代码:

```
import matplotlib.pyplot as plt

#0.准备数据
#电影名字
movie_name = ['雷神3:诸神黄昏','正义联盟','东方快车谋杀案','寻梦环游记',
'全球风暴','降魔传','追捕','七十七天','密战','狂兽','其他']
#横坐标
x = range(len(movie_name))
#票房数据
```

```
y = [73853,57767,22354,15969,14839,8725,8716,8318,7916,6764,52222]

#1.创建画布
plt.figure(figsize=(20,8),dpi=100)

#2.绘制柱状图
plt.bar(x, y, width=0.5, color=['b','r','g','y','c','m','y','k','c','g','b'])

#2.1b 修改x轴的刻度显示
plt.xticks(x, movie_name)

#2.2 添加网格显示
plt.grid(linestyle="--",alpha=0.5)

#2.3 添加标题
plt.title("电影票房收入对比")

#3.显示图像
plt.show()
```

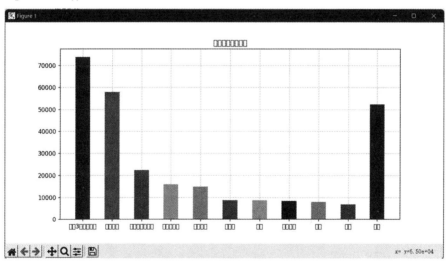

图 3.13 电影票房收入对比柱状图

第4章 机器学习及神经网络

4.1 模式识别、机器学习的区别与联系

本次授课的目的和要求：
- "模式"识别，机器学习的概念及了解它们之间的区别联系

本次授课的重点、难点及解决措施：
- 重点：模式识别、机器学习的区别和联系
- 难点：专业词汇的深入掌握，动手实验
- 解决措施：查阅课外资料，加深了解，动手实验，提高学习效率

本次授课采用的教学方式、方法：

讲授、实验

本次授课采用的教具、挂图及工具：

无

课后作业内容与预估计完成时间：
- 预计完成时间：20分钟
- 查找相关资料
- 预习下一节内容

思考一分钟：

机器学习、模式识别的原理是什么？它们有何区别，有何联系？

本次课的小结与改进措施：

4.1.1 模式识别

模式识别如图4.1所示。自己建立模型刻画已有的特征,样本是用于估计模型中的参数。模式识别的落脚点是感知。

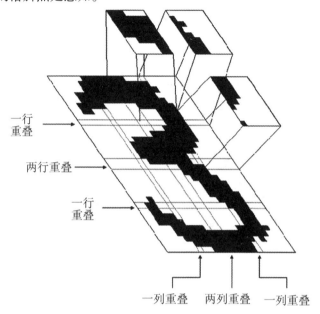

图 4.1 模式识别

模式识别是一个20世纪70年代和80年代非常流行的术语。它强调的是如何让一个计算机程序去做一些看起来很"智能"的事情,例如识别"3"这个数字。而且在融入了很多的智慧和直觉后,人们也的确构建了这样的一个程序。例如,区分"3"和"B"或者"3"和"8"。很早以前,大家也不会去关心结果是怎么实现的,只要这个机器不是由人躲在盒子里面伪装的就好。不过,如果算法对图像应用了一些像滤波器、边缘检测和形态学处理等等尖端的技术后,模式识别社区肯定就会对它感兴趣。光学字符识别就是从这个社区诞生的。因此,把模式识别称为20世纪70年代、80年代和90年代初的"智能"信号处理是合适的。决策树、启发式和二次判别分析等全部诞生于这个时代。而且,在这个时代,模式识别也成了计算机科学领域小伙伴的学习对象,而不仅仅局限于电子工程。

4.1.2 机器学习

机器学习:根据样本训练模型,如训练好的神经网络是一个针对特定分类问题的模型,重点在于"学习",训练模型的过程就是学习。机器学习的落脚点是思考。机器学习示意图如图4.2所示。

在20世纪90年代初,人们开始意识到一种可以更有效地构建模式识别算法的方法,那就是用数据(可以通过廉价劳动力采集获得)去替换专家(具有很多图像方面知识的人)。因此,搜集大量的人脸和非人脸图像,再选择一个算法,然后冲着咖啡,晒着太阳,等着计算机完成对这些图像的学习。这就是机器学习的思想。"机器学习"强调的是,在给计算机程序(或者机器)输入一些数据后,它必须做一些事情,那就是学习这些数据,而这个学习的步骤是明确的。相信我,就算计算机完成学习要耗上一天的时间,也会比你邀请你的研究伙伴来到你家然后专门人工地为这个任务设计一些分类规则要好。

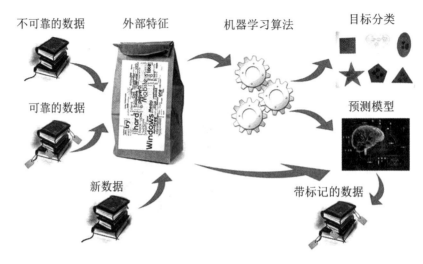

图 4.2　机器学习示意图

4.1.3　区别与联系

模式识别是根据已有的特征,通过参数或者非参数的方法给定模型中的参数,从而达到判别目的的;机器学习侧重于在特征不明确的情况下,用某种具有普适性的算法给定分类规则。

学过多元统计的可以这样理解:模式识别的概念可以类比判别分析,是确定的,可检验的,有统计背景的(或者更进一步说有机理性基础理论背景),而机器学习的概念可以类比聚类分析(聚类本身就是一种典型的机器学习方法),对"类"的严格定义尚不明确,更谈不上检验。

针对市面上很多关于模式识别与机器学习的著作内容重合,应该这么看:

(1)算法是中性的,两个不同的学科领域关键看思维。以神经网络的应用为例,如果通过具体学科,如生物学的机理分析是明确了某种昆虫的基因型应该分为两类,同时确定了其差异性的基因是会表现在触角长和翅长两个表现型的话,那么构造两个(触角长,翅长)—(隐含层)—(A类,B类)的网络可以看作对已有学科知识的表达,只是通过网络刻画已有知识而已;而机器学习的思路是:采样,发现两类品种差异最大的特征是触角长和翅长(可能会用到诸如KS检验之类的方法),然后按照给定的类目来构造神经网络进行分类。同一个算法,两个学科是两种思路。

(2) 模式识别在人工智能上的前沿成果已经慢慢被机器学习取代,所以很多以 AI 为导向的模式识别方法包含了很多机器学习的算法也正常,毕竟很多新成果是机器学习做出的。

关于应用范围,机器学习目前是在狭义的人工智能领域走得比较快,但是广度还是模式识别。模式识别在很多经典领域,如信号处理、计算机图像与计算机视觉、自然语言分析等领域都不断有新发展。

从发展目标看,机器学习是要计算机学会思考,而模式识别是具体方法的自动化实现(不止计算机,还包括广义的控制系统),从立意上机器学习要高出一等。至于现实中是否能实现,当前的机器学习热潮会不会陷入泡沫,都值得观察。

最后附上一个 2004 年 1 月至 2022 年 3 月谷歌搜索的趋势图,如图 4.3 所示。

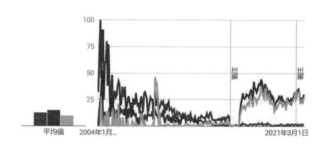

图 4.3 2004 年 1 月至 2022 年 3 月谷歌搜索的趋势图

4.2 什么是机器学习

本次授课的目的和要求:

- 机器学习的概念与应用

本次授课的重点、难点及解决措施:

- 重点:什么是机器学习
- 难点:专业词汇的深入掌握,动手实验
- 解决措施:查阅课外资料,加深了解,动手实验,提高学习效率

本次授课采用的教学方式、方法:

讲授、实验

本次授课采用的教具、挂图及工具:

无

课后作业内容与预估计完成时间:

- 预计完成时间:20 分钟
- 查找相关资料
- 预习下一节内容

思考一分钟:

机器学习应用了哪些学科?机器学习实现的基础是什么?它又被应用在哪些领域?

本次课的小结与改进措施:

现今,机器学习已应用于多个领域,远超出大多数人的想象,下面就是假想的一日,其中很多场景都会碰到机器学习:假设你想起今天是某位朋友的生日,打算通过邮局给她邮寄一张生日贺卡。你打开浏览器搜索趣味卡片,搜索引擎显示了 10 个最相关的链接。你认为第二个链接最符合你的要求,点击了这个链接,搜索引擎将记录这次点击,并从中学习以优化下次搜索结果。然后,你检查电子邮件系统,此时垃圾邮件过滤器已经在后台自动过滤垃圾广告邮件,并将其放在垃圾箱内。接着你去商店购买这张生日卡片,并给你朋友的孩子挑选了一些纸尿裤。结账时,收银员给了你一张 1 美元的优惠券,可以用于购买 6 罐装的啤酒。之所以你会得到这张优惠券,是因为款台收费软件基于以前的统计知识,认为买纸尿裤的人往往也会买啤酒。然后你去邮局邮寄这张贺卡,手写识别软件识别出邮寄地址,并将贺卡发送给正确的邮车。当天你还去了贷款申请机构,查看自己是否能够申请贷款,办事员并不是直接给出结果,而是将你最近的金融活动信息输入计算机,由软件来判定你是否合格。最后,你还去了赌场想找些乐子,当你步入前门时,尾随你进来的一个家伙被突然出现的保安给拦了下来。"对不起,索普先生,我们不得不请您离开赌场。我们不欢迎老千。"

- 搜索引擎:根据你的搜索点击,优化你下次的搜索结果,是机器学习来帮助搜索引擎判断哪个结果更适合你(也判断哪个广告更适合你)。
- 垃圾邮件:会自动过滤垃圾广告邮件到垃圾箱内。
- 超市优惠券:你会发现,你在购买小孩纸尿裤布的时候,售货员会赠送你一张优惠券,可以用于购买 6 罐装的啤酒。
- 邮局邮寄:手写软件自动识别寄送贺卡的地址。
- 申请贷款:通过你最近的金融活动信息进行综合评定,决定你是否合格。

4.2.1 机器学习的概述

机器学习(Machine Learning,ML)是使用计算机来彰显数据背后的真实含义,把无序的数据转换成有用的信息。它是一门多领域交叉学科,涉及概率论、统计学、逼近论、凸分析、算法复杂度理论等多门学科。专门研究计算机怎样模拟或实现人类的学习行为,以获取新的知识或技能,重新组织已有的知识结构使之不断改善自身的性能。它是人工智能的核心,是使计算机具有智能的根本途径,其应用遍及人工智能的各个领域,它主要是归纳、综合而不是演绎。

(1)海量的数据。

(2)获取有用的信息。

4.2.2 机器学习的研究意义

机器学习是一门人工智能的科学,该领域的主要研究对象是人工智能,特别是如何在经验学习中改善具体算法的性能。机器学习是对能通过经验自动改进的计算机算法的研究。机器学习是用数据或以往的经验,以此优化计算机程序的性能标准。一种经常引用的英文定义是:A computer program is said to learn from experience E with respect to some class of tasks T and performance measure P, if its performance at tasks in T, as measured by P, improves with experience E.

机器学习已经有了十分广泛的应用,例如:数据挖掘、计算机视觉、自然语言处理、生物特征识别、搜索引擎、医学诊断、检测信用卡欺诈、证券市场分析、DNA 序列测序、语音和手写识别、战略游戏和机器人运用。

4.2.3 机器学习的场景

例如:识别动物猫。

- 模式识别(官方标准):人们通过大量的经验,得到结论,从而判断它就是猫。
- 机器学习(数据学习):人们通过阅读进行学习,观察它会叫、小眼睛、两只耳朵、四条腿、一条尾巴,得到结论,从而判断它就是猫。
- 深度学习(深入数据):人们通过深入了解它,发现它会"喵喵"叫、与同类的猫科动物很类似,得到结论,从而判断它就是猫。(深度学习常用领域:语音识别、图像识别)。

(1)模式识别(pattern recognition)是最古老的(作为一个术语而言,可以说是很过时的)。把环境与客体统称为"模式",识别是对模式的一种认知,是如何让一个计算机程序去做一些看起来很"智能"的事情。融于智慧和直觉后,通过构建程序,识别一些事物,而不是人,例如:识别数字。

(2)机器学习(machine learning)是最基础的(当下初创公司和研究实验室的热点领

域之一)。

在20世纪90年代初,人们开始意识到一种可以更有效地构建模式识别算法的方法,那就是用数据(可以通过廉价劳动力采集获得)去替换专家(具有很多图像方面知识的人)。"机器学习"强调的是:在给计算机程序(或者机器)输入一些数据后,它必须做一些事情,那就是学习这些数据,而这个学习的步骤是明确的。

机器学习是一门专门研究计算机怎样模拟或实现人类的学习行为,以获取新的知识或技能,重新组织已有的知识结构使之不断改善自身性能的学科。

(3) 深度学习(deep learning)是非常崭新和有影响力的前沿领域,是机器学习研究中的一个新的领域,其动机在于建立、模拟人脑进行分析学习的神经网络,它模仿人脑的机制来解释数据,例如图像、声音和文本。

机器学习已应用于多个领域,远远超出大多数人的想象,横跨计算机科学、工程技术和统计学等多个学科。

4.3 机器学习的专业术语、开发流程与工具

本次授课的目的和要求:

- 机器学习的专业术语、开发流程与工具

本次授课的重点、难点及解决措施:

- 重点:机器学习的开发流程
- 难点:专业词汇的深入掌握,动手实验
- 解决措施:查阅课外资料,加深了解,动手实验,提高学习效率

本次授课采用的教学方式、方法:

讲授、实验

本次授课采用的教具、挂图及工具:

无

课后作业内容与预估计完成时间:

- 预计完成时间:15分钟
- 查找相关资料
- 预习下一节内容

思考一分钟:

机器学习的开发流程是怎样的?学习算法有哪些分支?

本次课的小结与改进措施:

4.3.1 机器学习的使用

1. 选择算法需要考虑的两个问题

(1)算法场景。

预测明天是否下雨,因为可以用历史的天气情况做预测,所以选择监督学习算法。给一群陌生的人进行分组,但是并没有这些人的类别信息,所以选择无监督学习算法,通过他们的身高、体重等特征进行处理。

(2)需要收集或分析的数据。

2. 机器学习的开发流程

机器学习的应用开发流程如图4.4所示。

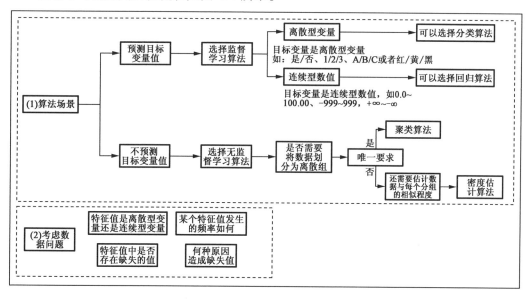

图4.4 机器学习的应用开发流程

(1)收集数据:收集样本数据。

(2)准备数据:注意数据的格式。

(3)分析数据:为了确保数据集中没有垃圾数据,如果是算法可以处理的数据格式或可信任的数据源,则可以跳过该步骤,另外该步骤需要人工干预,会降低自动化系统的价值。

(4)训练算法：如果使用无监督学习算法，由于不存在目标变量值，则可以跳过该步骤。

(5)测试算法：评估算法效果。

(6)使用算法：将机器学习算法转为应用程序。

4.3.2 机器学习的数学基础

机器学习的数学基础包括：①微积分；②统计学/概率论；③线性代数。

4.3.3 机器学习的工具

机器学习的工具是Python语言，它可执行伪代码；使用广泛，代码范例多，丰富模块库，开发周期短。

(1) Python语言的特色：清晰简练，易于理解。

(2) Python语言的缺点：唯一不足的是性能问题。

(3) Python相关的库：科学函数库SciPy、NumPy(底层语言C和Fortran)；绘图工具库Matplotlib；数据分析库Pandas。

4.3.4 机器学习的专业术语

- 模型(model)：计算机层面的认知。
- 学习算法(learning algorithm)：从数据中产生模型的方法。
- 数据集(data set)：一组记录的合集。
- 示例(instance)：对于某个对象的描述。
- 样本(sample)：也称示例。
- 属性(attribute)：对象的某方面表现或特征。
- 特征(feature)：同属性。
- 属性值(attribute value)：属性上的取值。
- 属性空间(attribute space)：属性张成的空间。
- 样本空间/输入空间(samplespace)：同属性空间。
- 特征向量(feature vector)：在属性空间里每个点对应一个坐标向量，把一个示例称作特征向量。
- 维数(dimensionality)：描述样本参数的个数(也就是空间是几维的)。
- 学习(learning)/训练(training)：从数据中学得模型。
- 训练数据(training data)：训练过程中用到的数据。
- 训练样本(training sample)：训练用到的每个样本。
- 训练集(training set)：训练样本组成的集合。
- 假设(hypothesis)：学习模型对应了关于数据的某种潜在规则。
- 真相(ground-truth)：真正存在的潜在规律。
- 学习器(learner)：模型的另一种叫法，把学习算法在给定数据和参数空间的实例化。
- 预测(prediction)：判断一个东西的属性。
- 标记(label)：关于示例的结果信息，比如我是一个"好人"。
- 样例(example)：拥有标记的示例。
- 标记空间/输出空间(label space)：所有标记的集合。
- 分类(classification)：预测是离散值，比如把人分为好人和坏人之类的学习任务。
- 回归(regression)：预测值是连续值，比如好人程度达到了0.9、0.6之类的。
- 二分类(binary classification)：只涉及两个类别的分类任务。
- 正类(positive class)：二分类里的一个。
- 反类(negative class)：二分类里的另外一个。
- 多分类(multi-class classification)：涉及多个类别的分类。
- 测试(testing)：学习到模型之后对样本进行预测的过程。
- 测试样本(testing sample)：被预测的样本。
- 聚类(clustering)：把训练集中的对象分为若干组。
- 簇(cluster)：每一个组称为簇。
- 监督学习(supervised learning)：典范-分类和回归。
- 无监督学习(unsupervised learning)：典范-聚类。
- 未见示例(unseen instance)："新样本"，没训练过的样本。
- 泛化(generalization)能力：学得的模型适用于新样本的能力。
- 分布(distribution)：样本空间的全体样本服从的一种规律。
- 独立同分布(independent and identically distributed)：获得的每个样本都是独立地从这个分布上采样获得的。

4.4 机器学习基础补充

本次授课的目的和要求：
- 学习机器学习相关概念

本次授课的重点、难点及解决措施：
- 重点：数据集、模型、特征工程等概念的理解
- 难点：专业词汇的深入掌握，动手实验
- 解决措施：查阅课外资料，加深了解，动手实验，提高学习效率

本次授课采用的教学方式、方法：

讲授、实验

本次授课采用的教具、挂图及工具：

无

课后作业内容与预估计完成时间：

- 预计完成时间:20分钟
- 查找相关资料
- 预习下一节内容

思考一分钟：

数据集、模型和特征工程都有怎样的分类？

本次课的小结与改进措施：

4.4.1 数据集划分

1. 训练集(training set)

学习样本数据集,通过匹配一些参数来建立一个模型,主要用来训练模型。类比考研前做的解题大全。

2. 验证集(validation set)

对学习出来的模型,调整模型的参数,如在神经网络中选择隐藏单元数。验证集还用来确定网络结构或者控制模型复杂程度的参数。类比考研之前做的模拟考试。

3. 测试集(test set)

测试训练好的模型的分辨能力。类比考研,这次真的是一考定终身。

4.4.2 模型拟合程度

1. 欠拟合(underfitting)

模型没有很好地捕捉到数据特征,不能够很好地拟合数据,对训练样本的一般性质尚未学好。类比,光看书不做题觉得自己什么都会了,上了考场才知道自己啥都不会。

2. 过拟合(overfitting)

模型把训练样本学习"太好了",可能把一些训练样本自身的特性当作了所有潜在样本都有的一般性质,导致泛化能力下降。类比,做课后题全都做对了,超纲题也都认为是考试必考题目,上了考场还是啥都不会。

通俗来说,欠拟合和过拟合都可以用一句话来说,欠拟合就是："你太天真了！"过拟合就是："你想太多了！"。

4.4.3 常见的模型指标

- 正确率 = 提取出的正确信息条数/提取出的信息条数

- 召回率 = 提取出的正确信息条数/样本中的信息条数
- F 值 = 正确率 × 召回率 × 2/(正确率 + 召回率)(F 值即为正确率和召回率的调和平均值)

例子：

某池塘有 1 400 条鲤鱼, 300 只虾, 300 只乌龟。现在以捕鲤鱼为目的撒了一张网, 逮住了 700 条鲤鱼, 200 只虾, 100 只乌龟。那么这些指标分别如下：

正确率 = 700/(700 + 200 + 100) = 70%

召回率 = 700/1 400 = 50%

F 值 = 70% × 50% × 2/(70% + 50%) = 58.3%

4.4.4 模型

1. 分类问题

分类问题简单来说就是将一些未知类别的数据分到现在已知的类别中去。比如，根据你的一些信息，判断你的特征。评判分类效果好坏的三个指标就是上面介绍的三个指标：正确率、召回率和 F 值。

2. 回归问题

对数值型连续随机变量进行预测和建模的监督学习算法。回归往往会通过计算误差(Error)来确定模型的精确性。

3. 聚类问题

聚类是一种无监督学习任务，该算法基于数据的内部结构寻找观察样本的自然族群（即集群）。聚类问题的标准一般基于距离，包括簇内距离(Intra – cluster Distance)和簇间距离(Inter – cluster Distance)。簇内距离是越小越好，也就是簇内的元素越相似越好；而簇间距离越大越好，也就是说簇间（不同簇）元素越不相同越好。一般的，衡量聚类问题会给出一个结合簇内距离和簇间距离的公式。

模型的选择如图 4.5 所示。

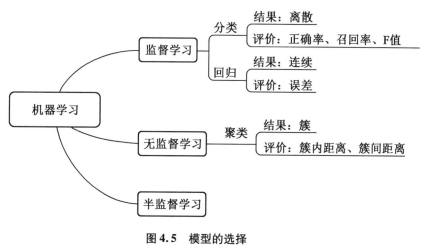

图 4.5 模型的选择

4.4.5 特征工程

特征工程如图 4.6 所示。

1. 特征选择

特征选择也称特征子集选择(Feature Subset Selection, FSS), 是指从已有的 M 个特征中选择 N 个特征使得系统的特定指标最优化, 是从原始特征中选择出一些最有效特征以降低数据集维度的过程, 是提高算法性能的一个重要手段, 也是模式识别中关键的数据预处理步骤。

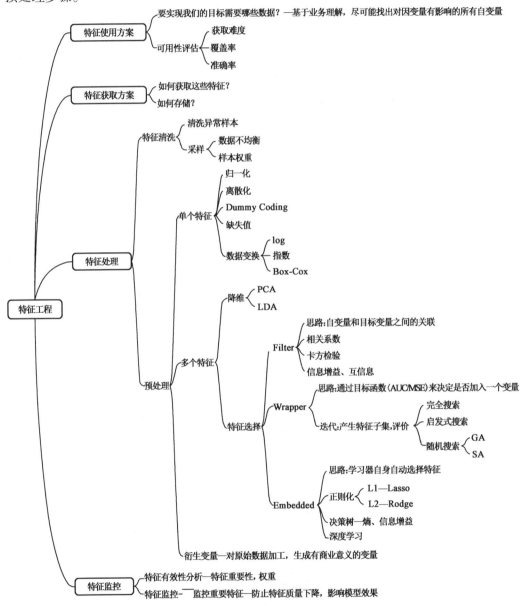

图 4.6 特征工程

2. 特征提取

特征提取是计算机视觉和图像处理中的一个概念。它指的是使用计算机提取图像信息,决定每个图像的点是否属于一个图像特征。特征提取的结果是把图像上的点分为不同的子集,这些子集往往属于孤立的点、连续的曲线或者连续的区域。

4.5 多项式曲线拟合

本次授课的目的和要求:
- 学习多项式曲线拟合的方法

本次授课的重点、难点及解决措施:
- 重点:多项式曲线拟合
- 难点:专业词汇的深入掌握,动手实验
- 解决措施:查阅课外资料,加深了解,动手实验,提高学习效率

本次授课采用的教学方式、方法:

讲授、实验

本次授课采用的教具、挂图及工具:

Python 3.6 + 、Vs Code

课后作业内容与预估计完成时间:
- 预计完成时间:40 分钟
- 查找相关资料
- 复现实验环境与结果
- 预习下一节内容

思考一分钟:

"多项式拟合、线性回归两种拟合方法有何区别?"它们分别适用于什么场景? 实验中你遇到了什么问题,如何解决的?

本次课的小结与改进措施:

4.5.1 问题模型

简而言之,这是一个用多项式来逼近正弦函数的例子。在这个例子中的观察数据可以表示为

$$t = \sin 2\pi x + n \tag{4.1}$$

式中 n——噪声。

这个问题模型像极了通信系统中的加性白高斯噪声信道模型(AWGN) $y = x + n$,假设关于这个模型的 N 次观测,也就是说有长为 N 的 $x = (x_1, x_2, \cdots, x_N)^T$,以及其对应的观测值 $t = (t_1, \cdots, t_N)^T$,图 4.7 给出了这个模型的十次观测结果和真实的正弦曲线。

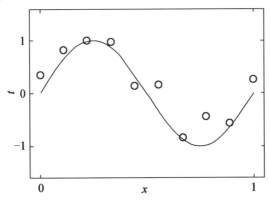

图 4.7 模型 $t = \sin 2\pi x + n$ 的十次观测结果和真实的正弦曲线

图 4.7 中的圆圈代表十次观测值,曲线代表真实的结果。目标是在不知道曲线的前提下根据新的输入值 x 预测目标值 t。图 4.7 中的输入值 x 是 $[0,1]$ 区间内随机选择的十个值。然后根据所选的 x,代入 $\sin 2\pi x$,生成十个精确的值,再把这十个生成值加上一定量的噪声,目标数据集合 t 就这样诞生了。(注意这里没有说加上多少噪声,在通信系统中,称为信噪比不确定。Bishop 在 PRML 中也没有指明到底是功率为多少的噪声,只提及具有高斯分布的少量随机噪声)这十个数是有内在约束的,即 $\sin 2\pi x$ 函数,这个函数是学习的目标,拿到这十个数的时候是不知道这个模型的存在的。

4.5.2 多项式拟合

通过充分挖掘给定数据,希望对任何给定的新的输入 $\hat{x}$,给出一个输出值 $\hat{t}$,使得这个 $\hat{t}$ 尽可能准确。这个问题的难点在于需要从十分有限的数据中发现潜在的数学模型 $\sin 2\pi x$,雪上加霜的是,这些数据还受到了噪声的污染。

现在,从最直观简单的数学方法入手:曲线拟合。特别的,把这个潜在的数学模型 $\sin 2\pi x$ 放在多项式空间中,也就是说这个潜在的模型存在于 $(1, x, \cdots, x^M)$ 张成的空间中。$M + 1$ 是这个多项式空间的维度。所以多项式拟合的结果可以表示为

$$y(x,w) = w_0 + w_1 x + \cdots + w_M x^M = \sum_{j=0}^{M} w_j x^j \tag{4.2}$$

这个多项式的系数 $w_j, j \in \{0, 1, \cdots, M\}$ 就是要学习的目标。尽管这个多项式关于 x 不是线性的,但是关于 w_j 来说却是线性的,这样的模型称为线性模型。

式(4.2)的系数一定要选的准确,才能比较好地拟合给出的十个点。通过最小化误差函数,可以得到关于这 M 个 w_j 系数的一个估计。要用这个误差函数来表示 $y(x,w)$ 和给定训练数据之间的不匹配程度。因此,这个误差函数的选取也是比较讲究的,在以后的学习中会碰到各种各样的误差函数。现在,选择用 $y(x,w)$ 和 t 之间的差值的平方和来表示误差,即

$$E(w) = \frac{1}{2} \sum_{n=1}^{N} \{y(x_n, w) - t_n\}^2 \tag{4.3}$$

系数 $\frac{1}{2}$ 只是为了求导的时候去掉一个多余的因子 2,使得求得的 w 更有直观的意义,稍后就会发现了。

4.5.3 线性回归

线性回归是机器学习中最简单的有监督学习算法之一。如果你曾在大学里学过入门级统计学课程,课程的最后一个主题很可能就是线性回归。事实上,由于它非常简单,有时甚至不被认为是机器学习的一部分。无论你是否相信,当目标向量是数值(如房价和年龄)时,线性回归及其扩展一直是常见且有效的做预测的方法。

线性回归假设特征与目标向量之间为近似线性的关系。也就是说,特征对目标向量的影响(也称为系数,权重或参数)是恒定的。为了便于解释,这里仅使用两个特征来训练模型,模型的形式如下:

$$\hat{y} = \hat{\beta}_0 + \hat{\beta}_1 x_1 + \hat{\beta}_2 x_2 + \varepsilon \tag{4.4}$$

式中 $\hat{y}$ ——预测目标;

x_i——单个特征的数据;

$\hat{\beta}_1$ 和 $\hat{\beta}_2$——通过拟合模型得到的相关系数;

ε——误差。

4.5.4 实验

在实际项目中,往往有这样的需求:对采集到的数据进行数据处理(曲线拟合),再计算出一些想要的参数,比如峰值、dip 值、周期等。

本实验的核心即曲线拟合。不同的曲线形式,就灵活选择不同的拟合函数。其中一种常见的形式为二次函数拟合。

1. 方法

- 获取实验数据 x, y;

- 利用 np.polyfit(x, y, 2)进行二次拟合;
- 得到拟合出的系数,进行后续的数据处理。

2. 实例

已知一组二次曲线型数据(图4.8),要求拟合出该曲线,并且返回最大点、对称点的坐标。具体程序如下:

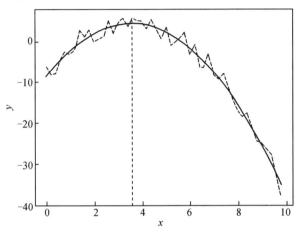

图4.8 二次曲线数据

```
import numpy as np
import matplotlib.pyplot as plt

#模拟生成一组实验数据
x = np.arange(0,10,0.2)
y = -(x-3.5)**2+4.7
noise = np.random.uniform(-3,3,len(x))
y += noise
fig, ax = plt.subplots()
ax.plot(x, y, 'b--')
ax.set_xlabel('x')
ax.set_ylabel('y')

#二次拟合
coef = np.polyfit(x, y, 2)
y_fit = np.polyval(coef, x)
ax.plot(x, y_fit, 'g')
#找出其中的峰值/对称点
if coef[0] != 0:
```

```
        x0 = -0.5 * coef[1]/coef[0]
        x0 = round(x0,2)
        ax.plot([x0]*5,np.linspace(min(y),max(y),5),'r--')
        print(x0)
else:
        raise ValueError('Fail to fit.')

plt.show()
```

键入程序,单击运行,程序运行结果如图4.9所示。

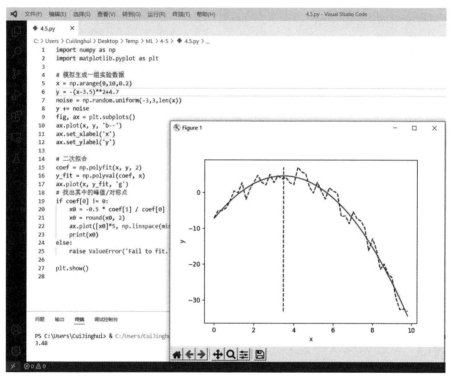

图 4.9　程序运行结果

4.6　k 近邻算法

本次授课的目的和要求：
- 学习 k 近邻算法

本次授课的重点、难点及解决措施：
- 重点：什么是 k 近邻算法、应用的场景

- 难点:专业词汇的深入掌握,动手实验
- 解决措施:查阅课外资料,加深了解,动手实验,提高学习效率

本次授课采用的教学方式、方法:

讲授、实验

本次授课采用的教具、挂图及工具:

Python 3.6 + 、Vs Code

课后作业内容与预估计完成时间:

- 预计完成时间:60 分钟
- 查找相关资料
- 复现实验环境与结果
- 预习下一节内容

思考一分钟:

k 邻近算法原理是什么? 在 Python 中是如何实现的? 在实验中你遇到了什么问题? 如何解决的?

本次课的小结与改进措施:

4.6.1 k 近邻算法概述

k 近邻算法是一种基本分类与回归的方法,本节只讨论分类问题中的 k 近邻算法。

k 近邻算法的输入为实例的特征向量,对应于特征空间的点;输出为实例的类别,可以取多类。k 近邻算法假设给定一个训练数据集,其中的实例类别已定。分类时,对新的实例,根据其 k 个最近邻的训练实例的类别,通过多数表决等方式进行预测。因此,k 近邻算法不具有显式的学习过程。

k 近邻算法实际上利用训练数据集对特征向量空间进行划分,并作为其分类的"模型"。k 值的选择、距离度量以及分类决策规则是 k 近邻算法的三个基本要素。

4.6.2 k 近邻场景

电影可以按照题材分类,那么如何区分动作片和爱情片呢?

动作片:打斗次数更多;爱情片:亲吻次数更多。

第4章 机器学习及神经网络

基于电影中的亲吻、打斗出现的次数,使用 k 近邻算法构造程序,就可以自动划分电影的题材类型(表4.1)。

现在根据上面得到的样本集中所有已知电影与未知电影的距离(表4.2),按照距离递增排序,可以找到 k 个距离最近的电影。

假定 $k=3$,则三个最靠近的电影依次是:*He's Not Really into Dudes*、*Beautiful Woman* 和 *California Man*。

表 4.1 每部电影的打斗镜头数、接吻镜头数以及电影评估类型

电影名称	打斗镜头	接吻镜头	电影类型
California Man	3	104	爱情片
He's Not Really into Dudes	2	100	爱情片
Beautiful Woman	1	81	爱情片
Kevin Longblade	101	10	动作片
Robo Slayer 3000	99	5	动作片
Amped 2	98	2	动作片
?	18	90	未知

表 4.2 已知电影与未知电影的距离

电影名称	与未知电影的距离
California Man	20.5
He's Not Really into Dudes	18.7
Beautiful Woman	19.2
Kevin Longblade	115.3
Robo Slayer 3000	117.4
Amped 2	118.9

k 近邻算法按照距离最近的三部电影的类型,决定未知电影的类型,而这三部电影全是爱情片,因此判定未知电影是爱情片。

4.6.3 k 近邻原理

1. k 近邻的工作原理

假设有一个带有标签的样本数据集(训练样本集),其中包含每条数据与所属分类的对应关系。输入没有标签的新数据后,将新数据的每个特征与样本集中数据对应的特征进行比较。计算新数据与样本数据集中每条数据的距离。对求得的所有距离进行排序(从小到大,越小表示越相似)。取前 k(k 一般小于等于 20)个样本数据对应的分类标签。求 k 个数据中出现次数最多的分类标签作为新数据的分类。

2. k 近邻的通俗理解

给定一个训练数据集,对新的输入实例,在训练数据集中找到与该实例最近邻的 k

个实例,这 k 个实例中多数属于某个类,就把该输入实例分为这个类。

3. k 近邻的开发流程

- 收集数据:任何方法。
- 准备数据:距离计算所需要的数值,最好是结构化的数据格式。
- 分析数据:任何方法。
- 训练算法:此步骤不适用于 k 近邻算法。
- 测试算法:计算错误率。
- 使用算法:输入样本数据和结构化的输出结果,然后运行 k 近邻算法判断输入数据分类属于哪个分类,最后对计算出的分类执行后续处理。

4. k 近邻算法的特点

- 优点:精度高,对异常值不敏感,无数据输入假定。
- 缺点:计算复杂度高,空间复杂度高。
- 适用数据范围:数值型和标称型。

4.6.4 k 近邻项目实验案例

1. 项目概述

海伦使用约会网站寻找约会对象。经过一段时间之后,她发现曾交往过三种类型的人:不喜欢的人;魅力一般的人;极具魅力的人。她希望:工作日与魅力一般的人约会;周末与极具魅力的人约会;不喜欢的人则直接排除掉。现在她收集到了一些约会网站未曾记录的数据信息,这更有助于匹配对象的归类。

2. 开发流程

(1)收集数据:提供文本文件。

海伦把这些约会对象的数据存放在文本文件 datingTestSet2.txt 中,总共有 1 000 行。海伦约会的对象主要包含以下 3 种特征:

- 每年获得的飞行常客里程数;
- 玩视频游戏所耗时间百分比;
- 每周消费的冰淇淋量。

文本文件数据格式如下:

```
40920   8.326976   0.953952   3
14488   7.153469   1.673904   2
26052   1.441871   0.805124   1
75136   13.147394  0.428964   1
38344   1.669788   0.134296   1
```

(2)准备数据:使用 Python 解析文本文件。

将文本记录转换为 NumPy 的解析程序：

```python
def file2matrix(filename):
"""
    Desc:
        导入训练数据
    parameters:
        filename: 数据文件路径
    return:
        数据矩阵 returnMat 和对应的类别 classLabelVector
"""
    fr = open(filename)
    # 获得文件中的数据行的行数
    numberOfLines = len(fr.readlines())
    # 生成对应的空矩阵
    # 例如：zeros(2,3)就是生成一个 2*3 的矩阵,各个位置上全是 0
    returnMat = zeros((numberOfLines, 3))  # prepare matrix to return
    classLabelVector = []  # prepare labels return
    fr = open(filename)
    index = 0
    for line in fr.readlines():
        # str.strip([chars]) --返回已移除字符串头尾指定字符所生成的新字符串
        line = line.strip()
        # 以 '\t' 切割字符串
        listFromLine = line.split('\t')
        # 每列的属性数据
        returnMat[index, :] = listFromLine[0:3]
        # 每列的类别数据,就是 label 标签数据
        classLabelVector.append(int(listFromLine[-1]))
        index += 1
    # 返回数据矩阵 returnMat 和对应的类别 classLabelVector
    return returnMat, classLabelVector
```

(3) 分析数据：使用 Matplotlib 画二维散点图。

```python
import matplotlib
import matplotlib.pyplot as plt
fig = plt.figure()
ax = fig.add_subplot(111)
ax.scatter(datingDataMat[:, 0], datingDataMat[:, 1], 15.0 * array(datingLabels), 15.0 * array(datingLabels))
```

```
plt.show()
```

图 4.10 中采用矩阵的第一和第二列属性得到很好的展示效果,清晰地标识了三个不同的样本分类区域,具有不同爱好的人其类别区域也不同。

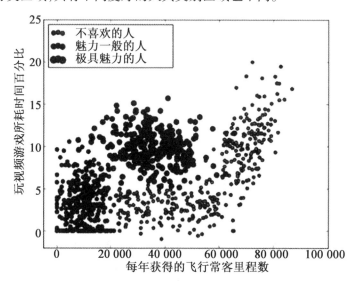

图 4.10 矩阵的第一和第二列属性

归一化数据(归一化是一个让权重变为统一的过程)见表 4.3 所列。

表 4.3 归一化数据

序号	玩视频游戏所耗时间百分比/%	每年获得的飞行常客里程数/km	每周消费的冰淇淋量/L	样本分类
1	0.8	400	0.5	1
2	12	134 000	0.9	3
3	0	20 000	1.1	2
4	67	32 000	0.1	2

归一化就是要把需要处理的数据经过处理后(通过某种算法)限制在一定范围内。首先归一化是为了后面数据处理方便,其次是保证程序运行时收敛加快。方法如下:

(1)线性函数转换,表达式为 $y = (x - \text{MinValue})/(\text{MaxValue} - \text{MinValue})$,说明:$x$、$y$ 分别为转换前、后的值,MaxValue、MinValue 分别为样本的最大值和最小值。

(2)对数函数转换,表达式为 $y = \log 10\ x$,说明:以 10 为底的对数函数转换。

(3)反余切函数转换,表达式为 $y = \arctan x \times 2/\text{PI}$。

在统计学中,归一化的具体作用是归纳统一样本的统计分布性。归一化在 0~1 之间是统计的概率分布,归一化在 -1~+1 之间是统计的坐标分布。

```
def autoNorm(dataSet):
```

```
"""
 Desc:
     归一化特征值,消除特征之间量级不同导致的影响
 parameter:
    dataSet:数据集
 return:
    归一化后的数据集 normDataSet. ranges 和 minVals 即最小值与范围,并没有用到
```

归一化公式为

$$Y = (X - Xmin) / (Xmax - Xmin)$$

其中的 min 和 max 分别是数据集中的最小特征值和最大特征值。该函数可以自动将数字特征值转化为 0 到 1 的区间。

```
"""
#计算每种属性的最大值、最小值、范围
minVals = dataSet.min(0)
maxVals = dataSet.max(0)
#极差
ranges = maxVals - minVals
normDataSet = zeros(shape(dataSet))
m = dataSet.shape[0]
#生成与最小值之差组成的矩阵
normDataSet = dataSet - tile(minVals,(m,1))
#将最小值之差除以范围组成矩阵
normDataSet = normDataSet /tile(ranges,(m,1))  #element wise divide
return normDataSet, ranges, minVals
```

(4)训练算法:此步骤不适用于 k 近邻算法。

因为测试数据每一次都要与全量的训练数据进行比较,所以这个过程是没有必要的。

k 近邻算法伪代码:对于每个在数据集中的数据点,计算目标的数据点(需要分类的数据点)与该数据点的距离;将从小到大距离排序;选取前 K 个最短距离;选取这 K 个中最多的分类类别;返回该类别来作为目标数据点的预测值。

```
def classify0(inX, dataSet, labels, k):
dataSetSize = dataSet.shape[0]
#距离度量,度量公式为欧氏距离
diffMat = tile(inX,(dataSetSize,1)) - dataSet
sqDiffMat = diffMat ** 2
sqDistances = sqDiffMat.sum(axis =1)
distances = sqDistances **0.5
```

```python
#将距离排序：从小到大
sortedDistIndicies = distances.argsort()
#选取前K个最短距离，选取这K个中最多的分类类别
classCount = {}
for i in range(k):
    voteIlabel = labels[sortedDistIndicies[i]]
    classCount[voteIlabel] = classCount.get(voteIlabel,0) + 1
sortedClassCount = sorted(classCount.iteritems(), key = operator.itemgetter(1), reverse = True)
return sortedClassCount[0][0]
```

（5）测试算法：使用海伦提供的部分数据作为测试样本。如果预测分类与实际类别不同，则标记为一个错误。

k 近邻分类器针对约会网站的测试代码：

```python
def datingClassTest():
    """
    Desc:对约会网站的测试方法
    parameters:none
    return: 错误数
    """
    # 设置测试数据的一个比例（训练数据集比例 = 1 - hoRatio）
    hoRatio = 0.1   # 测试范围，一部分测试，一部分作为样本
    # 从文件中加载数据
    datingDataMat, datingLabels = file2matrix('data/2.KNN/datingTestSet2.txt')
    # load data setfrom file
    # 归一化数据
    normMat, ranges, minVals = autoNorm(datingDataMat)
    # m 表示数据的行数，即矩阵的第一维
    m = normMat.shape[0]
    # 设置测试的样本数量，numTestVecs:m 表示训练样本的数量
    numTestVecs = int(m * hoRatio)
    print 'numTestVecs =', numTestVecs
    errorCount = 0.0
    for i in range(numTestVecs):
        # 对数据测试
        classifierResult = classify0(normMat[i, :], normMat[numTestVecs:m, :], datingLabels[numTestVecs:m], 3)
        print "the classifier came back with: % d, the real answer is: % d" % (classifierResult, datingLabels[i])
```

```
            if(classifierResult ! = datingLabels[i]): errorCount + = 1.0
    print "the total error rate is: % f" % (errorCount / float(numTestVecs))
    print errorCount
```

（6）使用算法：产生简单的命令行程序，然后海伦可以输入一些特征数据以判断对方是否为自己喜欢的类型。

约会网站预测函数：

```
def classifyPerson():
    resultList = ['not at all', 'in small doses', 'in large doses']
    percentTats = float(raw_input("percentage of time spent playing video games ?"))
    ffMiles = float(raw_input("frequent filer miles earned per year?"))
    iceCream = float(raw_input("liters of ice cream consumed per year?"))
    datingDataMat, datingLabels = file2matrix('datingTestSet2.txt')
    normMat, ranges, minVals = autoNorm(datingDataMat)
    inArr = array([ffMiles, percentTats, iceCream])
    classifierResult = classify0((inArr - minVals)/ranges, normMat, datingLabels, 3)
    print "You will probably like this person: ", resultList[classifierResult - 1]
```

实际运行效果如下：

```
>>> classifyPerson()
percentage of time spent playing video games? 10
frequent flier miles earned per year? 10000
liters of ice cream consumed per year? 0.5
You will probably like this person: in small doses
```

准备好程序文件及数据集并放入同一文件夹，如图4.11所示。

图4.11　程序文件夹

(1)使用 vscode 打开该文件夹,并点击"终端"—"新建终端"选项,并依次输入下列命令:

python

from datingtest import *

导入库:

```
PS C:\Users\CuiJinghui\Desktop\Temp\ML\4-6> python
Python 3.9.7 (tags/v3.9.7:1016ef3, Aug 30 2021, 20:19:38) [MSC v.1929 64 bit (AMD64)] on win32
Type "help", "copyright", "credits" or "license" for more information.
>>> from datingtest import *
>>>
```

(2)画二维散点图,依次在终端输入,可以画出散点图,如图 4.12 所示。

Mat,Lables = file2matrix("datingTestSet2.txt")

drawfig(Mat,Lables)

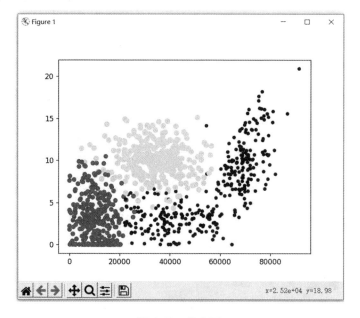

图 4.12 散点图

(3)在命令行中输入 datingClassTest( )调用测试,运行结果如下:

```
the classifier came back with: 2, the real answer is: 2
the classifier came back with: 2, the real answer is: 2
the classifier came back with: 2, the real answer is: 2
the classifier came back with: 2, the real answer is: 2
the classifier came back with: 2, the real answer is: 2
the classifier came back with: 3, the real answer is: 3
the classifier came back with: 2, the real answer is: 2
the classifier came back with: 3, the real answer is: 3
```

```
the classifier came back with: 1, the real answer is: 1
the classifier came back with: 2, the real answer is: 2
the classifier came back with: 3, the real answer is: 3
the classifier came back with: 2, the real answer is: 2
the classifier came back with: 2, the real answer is: 2
the classifier came back with: 3, the real answer is: 1
the classifier came back with: 3, the real answer is: 3
the classifier came back with: 1, the real answer is: 1
the classifier came back with: 1, the real answer is: 1
the classifier came back with: 3, the real answer is: 3
the classifier came back with: 3, the real answer is: 3
the classifier came back with: 1, the real answer is: 1
the classifier came back with: 2, the real answer is: 2
the classifier came back with: 3, the real answer is: 3
the classifier came back with: 3, the real answer is: 1
the classifier came back with: 3, the real answer is: 3
the classifier came back with: 1, the real answer is: 1
the classifier came back with: 2, the real answer is: 2
the classifier came back with: 2, the real answer is: 2
the classifier came back with: 1, the real answer is: 1
the classifier came back with: 1, the real answer is: 1
the classifier came back with: 3, the real answer is: 3
the classifier came back with: 2, the real answer is: 3
the classifier came back with: 1, the real answer is: 1
the classifier came back with: 2, the real answer is: 2
the classifier came back with: 1, the real answer is: 1
the classifier came back with: 3, the real answer is: 3
the classifier came back with: 3, the real answer is: 3
the classifier came back with: 2, the real answer is: 2
the classifier came back with: 1, the real answer is: 1
the classifier came back with: 3, the real answer is: 1
the total error rate is: 0.050000
5.0
```

(4)输入 classifyPerson( )调用约会预测函数,并输入样例如下:

```
10
10000
0.5
```

运行结果如下:

```
>>> classifyPerson()
percentage of time spent playing video games ?10
frequent filer miles earned per year?10000
liters of ice cream consumed per year?0.5
You will probably like this person:  in small doses
>>>
```

4.7 K-Means(K-均值)、聚类算法

本次授课的目的和要求:

- 学习 K-Means(K-均值)聚类算法

本次授课的重点、难点及解决措施:

- 重点:K-Means(K-均值)聚类算法、应用的场景
- 难点:专业词汇的深入掌握,动手实验

- 解决措施:查阅课外资料,加深了解,动手实验,提高学习效率

本次授课采用的教学方式、方法:

讲授、实验

本次授课采用的教具、挂图及工具:

Python 3.6 + 、Vs Code

课后作业内容与预估计完成时间:

- 预计完成时间:40 分钟
- 查找相关资料
- 复现实验环境与结果
- 预习下一节内容

思考一分钟:

聚类概念的核心是什么? K – Mean 的工作流程是怎样的? 实验中你遇见了什么问题?

本次课的小结与改进措施:

4.7.1 聚类

聚类,简单来说,就是将一个庞杂数据集中具有相似特征的数据自动归类到一起,称为一个簇,簇内的对象越相似,聚类的效果越好。它是一种无监督的学习(Unsupervised Learning)方法,不需要预先标注好的训练集。聚类与分类最大的区别就是分类的目标事先已知,例如猫狗识别,在分类之前已经预先知道要将它分为猫、狗两个种类;而在聚类之前,对目标是未知的,同样以动物为例,对于一个动物集来说,并不清楚这个数据集内部有多少种类的动物,能做的只是利用聚类方法将它自动按照特征分为多类,然后人为给出这个聚类结果的定义(即簇识别)。例如,将一个动物集分为了三簇(类),然后通过观察这三类动物的特征,为每一个簇起一个名字,如大象、狗、猫等,这就是聚类的基本思想。

至于"相似"这一概念,是利用距离这个评价标准来衡量的,通过计算对象与对象之

间的距离远近来判断它们是否属于同一类别,即是否是同一个簇。至于距离如何计算,科学家们提出了许多种距离的计算方法,其中欧氏距离是最为简单和常用的,除此之外还有曼哈顿距离和余弦相似性距离等。

欧氏距离定义为:对于 x 点坐标为 $(x_1, x_2, \cdots, x_n)$ 和 y 点坐标为 $(y_1, y_2, \cdots, y_n)$,两者的欧氏距离为

$$d(x,y) = \sqrt{(x_1 - y_1)^2 + (x_2 - y_2)^2 + \cdots + (x_n - y_n)^2} = \sqrt{\sum_{i=1}^{n}(x_i - y_i)^2} \quad (4.5)$$

在二维平面,它就是初中时就学过的两点距离公式。

4.7.2 K-Means 算法

K-Means 是发现给定数据集的 K 个簇的聚类算法,之所以称之为 K-均值,是因为它可以发现 K 个不同的簇,且每个簇的中心采用簇中所含值的均值计算而成。

簇个数 K 是用户指定的,每一个簇通过其质心(centroid),即簇中所有点的中心来描述。聚类与分类算法的最大区别在于,分类的目标类别已知,而聚类的目标类别是未知的。

优点:属于无监督学习,无须准备训练集;原理简单,实现起来较为容易;结果可解释性较好。

缺点:需手动设置 k 值,在算法开始预测之前,需要手动设置 k 值,即估计数据大概的类别个数,不合理的 k 值会使结果缺乏解释性;可能收敛到局部最小值,在大规模数据集上收敛较慢;对于异常点、离群点敏感。

使用数据类型为数值型数据。

4.7.3 K-Means 场景

如前所述,用于数据集内种类属性不明晰,希望能够通过数据挖掘出或自动归类出有相似特点的对象的场景。其商业界的应用场景一般为挖掘出具有相似特点的潜在客户群体以便公司能够重点研究、对症下药。

例如,在 2000 年和 2004 年的美国总统大选中,候选人的得票数比较接近或者说非常接近。任一候选人得到的普选票数的最大百分比为 50.7% 而最小百分比为 47.9%,如果 1% 的选民将手中的选票投向另外的候选人,那么选举结果就会截然不同。实际上,如果妥善加以引导与吸引,少部分选民就会转换立场。尽管这类选举者占的比例较低,但当候选人的选票接近时,这些人的立场无疑会对选举结果产生非常大的影响。如何找出这类选民,以及如何在有限的预算下采取措施来吸引他们?答案就是聚类。

那么,具体如何实施呢?首先,收集用户的信息,可以同时收集用户满意或不满意的信息,这是因为任何对用户重要的内容都可能影响用户的投票结果。然后,将这些信息输入到某个聚类算法中。接着,对聚类结果中的每个簇(最好选择最大簇),精心构造能

够吸引该簇选民的消息。最后,开展竞选活动并观察上述做法是否有效。

另一个例子就是产品部门的市场调研。为了更好地了解自己的用户,产品部门可以采用聚类的方法得到不同特征的用户群体,然后针对不同的用户群体可以对症下药,为他们提供更加精准有效的服务。

4.7.4 K-Means 术语

- 簇:所有数据的点集合,簇中的对象是相似的。
- 质心:簇中所有点的中心(计算所有点的均值而来)。
- SSE:Sum of Sqared Error(误差平方和),它被用来评估模型的好坏,SSE 值越小,表示越接近它们的质心,聚类效果越好。由于对误差取了平方,因此更加注重那些远离中心的点(一般为边界点或离群点)。

有关簇和质心术语更形象的介绍,如图4.13所示。

4.7.5 K-Means 工作流程

(1)首先,随机确定 K 个初始点作为质心(不必是数据中的点)。

(2)然后将数据集中的每个点分配到一个簇中,具体来讲,就是为每个点找到距其最近的质心,并将其分配该质心所对应的簇。这一步完成之后,每个簇的质心更新为该簇所有点的平均值。

(3)重复上述过程直到数据集中的所有点都距离它所对应的质心最近时结束。

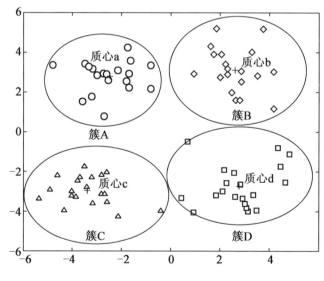

图 4.13 K-Means 术语

上述过程的伪代码如下:

(1)创建 K 个点作为起始质心(通常是随机选择)。

(2)当任意一个点的簇分配结果发生改变时(不改变时算法结束),对数据集中的每个数据点、对每个质心计算质心与数据点之间的距离,将数据点分配到距其最近的簇。

(3)对每一个簇,计算簇中所有点的均值并将均值作为质心。

4.7.6　K – Means 开发流程

(1)收集数据:使用任意方法。

(2)准备数据:需要数值型数据类计算距离,也可以将标称型数据映射为二值型数据再用于距离计算。

(3)分析数据:使用任意方法。

(4)训练算法:不适用于无监督学习,即无监督学习不需要训练步骤。

(5)测试算法:应用聚类算法、观察结果。可以使用量化的误差指标如误差平方和来评价算法的结果。

(6)使用算法:可以用于所希望的任何应用。通常情况下,簇质心可以代表整个簇的数据来做出决策。

4.7.7　K – Means 的评价标准

K – Means 算法因为手动选取 K 值和初始化随机质心的缘故,每一次的结果不会完全一样,而且由于手动选取 K 值,需要知道选取的 K 值是否合理,聚类效果好不好,那么如何来评价某一次的聚类效果呢?也许将它们画在图上直接观察是最好的办法,但现实是,数据不会仅仅只有两个特征,一般来说都有十几个特征,而观察十几维的空间是一个无法完成的任务。因此,需要一个公式来帮助判断聚类的性能,这个公式就是 SSE(Sum of Squared Error,误差平方和),它其实就是每一个点到其簇内质心的距离的平方值的总和,这个数值对应 kmeans 函数中 clusterAssment 矩阵的第一列之和。SSE 值越小表示数据点越接近于它们的质心,聚类效果也越好。因为对误差取了平方,因此更加重视那些远离中心的点。一种肯定可以降低 SSE 值的方法是增加簇的个数,但这违背了聚类的目标。聚类的目标是在保持簇数目不变的情况下提高簇的质量。

4.7.8　K – Means 聚类算法函数

1. 从文件加载数据集

```
# 从文本中构建矩阵,加载文本文件,然后处理
def loadDataSet(fileName):          # 通用函数,用来解析以 tab 键分隔的 floats(浮点数),
例如:1.658985    4.285136
    dataMat = []
    fr = open(fileName)
    for line in fr.readlines():
```

```
    curLine = line.strip().split('\t')
    fltLine = map(float,curLine)      #映射所有的元素为float(浮点数)类型
    dataMat.append(fltLine)
return dataMat
```

2. 计算两个向量的欧氏距离

```
#计算两个向量的欧氏距离(可根据场景选择其他距离公式)
def distEclud(vecA, vecB):
return sqrt(sum(power(vecA - vecB,2))) # la.norm(vecA-vecB)
```

3. 构建一个包含 *K* 个随机质心的集合

#为给定数据集构建一个包含k个随机质心的集合。随机质心必须要在整个数据集的边界之内,这可以通过找到数据集每一维的最小和最大值来完成。然后生成0~1.0之间的随机数并通过取值范围和最小值,以便确保随机点在数据的边界之内。

```
def randCent(dataSet, k):
n = shape(dataSet)[1] #列的数量,即数据的特征个数
centroids = mat(zeros((k,n))) #创建k个质心矩阵
for j in range(n): #创建随机簇质心,并且在每一维的边界内
    minJ = min(dataSet[:,j])        #最小值
    rangeJ = float(max(dataSet[:,j]) - minJ)    #范围 = 最大值 - 最小值
    centroids[:,j] = mat(minJ + rangeJ * random.rand(k,1))
#随机生成,mat为numpy函数,需要在最开始写上 from numpy import *
return centroids
```

4. *K* – Means 聚类算法

#k-means 聚类算法
#该算法会创建k个质心,然后将每个点分配到最近的质心,再重新计算质心。
#这个过程重复数次,直到数据点的簇分配结果不再改变位置。
#运行结果(多次运行结果可能会不一样,可以试试,可能会受到随机质心的影响,但总的结果是对的,因为数据足够相似,也可能会陷入局部最小值)

```
def kMeans(dataSet, k, distMeas=distEclud, createCent=randCent):
    m = shape(dataSet)[0]    #行数,即数据个数
    clusterAssment = mat(zeros((m,2)))
    #创建一个与dataSet行数一样,但是有两列的矩阵,用来保存簇分配结果
        centroids = createCent(dataSet, k)    #创建质心,随机k个质心
        clusterChanged = True
        while clusterChanged:
            clusterChanged = False
            for i in range(m):    #循环每一个数据点并分配到最近的质心中去
                minDist = inf; minIndex = -1
```

```
                for j in range(k):
                    distJI = distMeas(centroids[j,:],dataSet[i,:])
                    # 计算数据点到质心的距离
                    if distJI < minDist:    # 如果距离比 minDist(最小距离)还小,更
                    新 minDist(最小距离)和最小质心的 index(索引)
                        minDist = distJI; minIndex = j
                if clusterAssment[i,0] != minIndex:    # 簇分配结果改变
                    clusterChanged = True    # 簇改变
                    clusterAssment[i,:] = minIndex,minDist**2    # 更新簇分
                    配结果为最小质心的 index(索引),minDist(最小距离)的平方
            print centroids
            for cent in range(k): # 更新质心
                ptsInClust = dataSet[nonzero(clusterAssment[:,0].A == cent)
                [0]] # 获取该簇中的所有点
                centroids[cent,:] = mean(ptsInClust, axis = 0) # 将质心修改为簇
                中所有点的平均值,mean 就是求平均值的
    return centroids, clusterAssment
```

5. 测试函数

(1)测试一下以上的基础函数是否可以如预期运行,请看:

```
#! /usr/bin/python
# coding:utf8
'''
k Means Clustering for Ch10 of Machine Learning in Action
Author: Peter Harrington/那一抹微笑
GitHub: https://github.com/apachecn/AiLearning
'''
from __future__ import print_function
from numpy import *

# 从文本中构建矩阵,加载文本文件,然后处理
def loadDataSet(fileName):    # 通用函数,用来解析以 tab 键分隔的 floats(浮点数)
    dataSet = []
    fr = open(fileName)
    for line in fr.readlines():
        curLine = line.strip().split('\t')
        fltLine = map(float, curLine)    # 映射所有的元素为 float(浮点数)类型
        dataSet.append(fltLine)
    return dataSet
```

机器学习

```
# 计算两个向量的欧氏距离(可根据场景选择)
def distEclud(vecA, vecB):
    return sqrt(sum(power(vecA - vecB, 2)))   # la.norm(vecA-vecB)

# 为给定数据集构建一个包含 k 个随机质心的集合。随机质心必须要在整个数据集的边界之内,
  这可以通过找到数据集每一维的最小和最大值来完成。然后生成 0~1.0 之间的随机数并通过
  取值范围和最小值,以便确保随机点在数据的边界之内。
def randCent(dataMat, k):
    n = shape(dataMat)[1]   # 列的数量
    centroids = mat(zeros((k, n)))   # 创建 k 个质心矩阵
    for j in range(n):   # 创建随机簇质心,并且在每一维的边界内
        minJ = min(dataMat[:, j])   # 最小值
        rangeJ = float(max(dataMat[:, j]) - minJ)   # 范围 = 最大值 - 最小值
        centroids[:, j] = mat(minJ + rangeJ * random.rand(k, 1))   # 随机生成
    return centroids

# k-means 聚类算法
# 该算法会创建 k 个质心,然后将每个点分配到最近的质心,再重新计算质心。
# 这个过程重复数次,直到数据点的簇分配结果不再改变位置。
# 运行结果(多次运行结果可能会不一样,可以试试,可能受到随机质心的影响,但总的结果是对
  的,因为数据足够相似,也可能会陷入局部最小值)
def kMeans(dataMat, k, distMeas=distEclud, createCent=randCent):
    m = shape(dataMat)[0]   # 行数
    clusterAssment = mat(zeros((m, 2)))
# 创建一个与 dataMat 行数一样,但是有两列的矩阵,用来保存簇分配结果
    centroids = createCent(dataMat, k)   # 创建质心,随机 k 个质心
    clusterChanged = True
    while clusterChanged:
        clusterChanged = False
        for i in range(m):   # 循环每一个数据点并分配到最近的质心中去
            minDist = inf
            minIndex = -1
            for j in range(k):
                distJI = distMeas(centroids[j, :], ataMat[i, :])
                # 计算数据点到质心的距离 d
                if distJI < minDist:   # 如果距离比 minDist(最小距离)还小,更新
                    minDist(最小距离)和最小质心的 index(索引)
                    minDist = distJI
```

```
                minIndex = j
        if clusterAssment[i, 0] ! = minIndex:    # 簇分配结果改变
            clusterChanged = True    # 簇改变
            clusterAssment[i, :] = minIndex, minDist**2    # 更新簇分配结果
            为最小质心的 index(索引), minDist(最小距离)的平方
    print(centroids)
    for cent in range(k):    # 更新质心
        ptsInClust = dataMat[nonzero(clusterAssment[:, 0].A = = cent)
            [0]]    # 获取该簇中的所有点
        centroids[cent, :] = mean(ptsInClust, axis = 0)    # 将质心修改为簇中
        所有点的平均值, mean 就是求平均值的
    return centroids, clusterAssment

# 二分 KMeans 聚类算法, 基于 kMeans 基础之上的优化, 以避免陷入局部最小值
def biKMeans(dataMat, k, distMeas = distEclud):
    m = shape(dataMat)[0]
    clusterAssment = mat(zeros((m, 2)))    # 保存每个数据点的簇分配结果和平方误差
    centroid0 = mean(dataMat, axis = 0).tolist()[0]
    # 质心初始化为所有数据点的均值
    centList = [centroid0]    # 初始化只有 1 个质心的 list
    for j in range(m):    # 计算所有数据点到初始质心的距离平方误差
        clusterAssment[j, 1] = distMeas(mat(centroid0), dataMat[j, :])**2
    while(len(centList) < k):    # 当质心数量小于 k 时
        lowestSSE = inf
        for i in range(len(centList)):    # 对每一个质心
            ptsInCurrCluster = dataMat[nonzero(
                clusterAssment[:, 0].A = = i)[0], :]
                # 获取当前簇 i 下的所有数据点
            centroidMat, splitClustAss = kMeans(
                ptsInCurrCluster, 2, distMeas)    # 将当前簇 i 进行二分 kMeans 处理
            sseSplit = sum(splitClustAss[:, 1])    # 将二分 kMeans 结果中的平方和
            的距离进行求和
            sseNotSplit = sum(
                clusterAssment[nonzero(clusterAssment[:, 0].A ! = i)[0],
                1])    # 将未参与二分 kMeans 分配结果中的平方和的距离进行求和
            print("sseSplit, and notSplit: ", sseSplit, sseNotSplit)
            if(sseSplit + sseNotSplit) < lowestSSE:
                bestCentToSplit = i
                bestNewCents = centroidMat
```

```python
            bestClustAss = splitClustAss.copy()
            lowestSSE = sseSplit + sseNotSplit
    # 找出最好的簇分配结果
    bestClustAss[nonzero(bestClustAss[:, 0].A == 1)[0], 0] = len(
        centList)  # 调用二分 kMeans 的结果,默认簇是 0,1, 当然也可以改成其他的
        数字
    bestClustAss[nonzero(bestClustAss[:, 0].A == 0)[0],
            0] = bestCentToSplit   # 更新为最佳质心
    print('the bestCentToSplit is: ', bestCentToSplit)
    print('the len of bestClustAss is: ', len(bestClustAss))
    # 更新质心列表
    centList[bestCentToSplit] = bestNewCents[0, :].tolist()[
        0]   # 更新原质心 list 中的第 i 个质心为使用二分 kMeans 后 bestNewCents
        的第一个质心
    centList.append(
        bestNewCents[1, :].tolist()[0])   # 添加 bestNewCents 的第二个质心
        clusterAssment[nonzero(clusterAssment[:, 0].A ==
bestCentToSplit)[
            0], :] = bestClustAss   # 重新分配最好簇下的数据(质心)以及 SSE
    return mat(centList), clusterAssment


def testBasicFunc():
    # 加载测试数据集
    dataMat = mat(loadDataSet('data/10.KMeans/testSet.txt'))

    # 测试 randCent() 函数是否正常运行
    # 首先,先看一下矩阵中的最大值与最小值
    print('min(dataMat[:, 0]) =', min(dataMat[:, 0]))
    print('min(dataMat[:, 1]) =', min(dataMat[:, 1]))
    print('max(dataMat[:, 1]) =', max(dataMat[:, 1]))
    print('max(dataMat[:, 0]) =', max(dataMat[:, 0]))

    # 然后看看 randCent() 函数能否生成 min 到 max 之间的值
    print('randCent(dataMat, 2) =', randCent(dataMat, 2))

    # 最后测试一下距离计算方法
    print('distEclud(dataMat[0], dataMat[1]) =', distEclud(dataMat[0], dataMat[1]))
```

```python
def testKMeans():
    # 加载测试数据集
    dataMat = mat(loadDataSet('data/10.KMeans/testSet.txt'))

    # 该算法会创建 k 个质心,然后将每个点分配到最近的质心,再重新计算质心。
    # 这个过程重复数次,直到数据点的簇分配结果不再改变位置。
    # 运行结果(多次运行结果可能会不一样,可以试试,可能受到随机质心的影响,但总的结果是对的,因为数据足够相似)
    myCentroids, clustAssing = kMeans(dataMat, 4)

    print('centroids =', myCentroids)


def testBiKMeans():
    # 加载测试数据集
    dataMat = mat(loadDataSet('data/10.KMeans/testSet2.txt'))

    centList, myNewAssments = biKMeans(dataMat, 3)

    print('centList =', centList)


if __name__ == "__main__":

    # 测试基础的函数
    # testBasicFunc()

    # 测试 kMeans 函数
    # testKMeans()

    # 测试二分 biKMeans 函数
    testBiKMeans()
```

(2)测试一下 K-Means 函数是否可以如预期运行,请看:

```
#! /usr/bin/python
# coding:utf8
'''
k Means Clustering for Ch10 of Machine Learning in Action
Author: Peter Harrington/那一抹微笑
GitHub: https://github.com/apachecn/AiLearning
'''
```

```python
from __future__ import print_function
from numpy import *


# 从文本中构建矩阵,加载文本文件,然后处理
def loadDataSet(fileName):    # 通用函数,用来解析以 tab 键分隔的 floats(浮点数)
    dataSet = []
    fr = open(fileName)
    for line in fr.readlines():
        curLine = line.strip().split('\t')
        fltLine = map(float, curLine)    # 映射所有的元素为 float(浮点数)类型
        dataSet.append(fltLine)
    return dataSet


# 计算两个向量的欧氏距离(可根据场景选择)
def distEclud(vecA, vecB):
    return sqrt(sum(power(vecA - vecB, 2)))    # la.norm(vecA-vecB)


# 为给定数据集构建一个包含 k 个随机质心的集合。随机质心必须要在整个数据集的边界之内,
# 这可以通过找到数据集每一维的最小和最大值来完成。然后生成 0~1.0 之间的随机数并通过
# 取值范围和最小值,以便确保随机点在数据的边界之内。
def randCent(dataMat, k):
    n = shape(dataMat)[1]    # 列的数量
    centroids = mat(zeros((k, n)))    # 创建 k 个质心矩阵
    for j in range(n):    # 创建随机簇质心,并且在每一维的边界内
        minJ = min(dataMat[:, j])    # 最小值
        rangeJ = float(max(dataMat[:, j]) - minJ)    # 范围 = 最大值 - 最小值
        centroids[:, j] = mat(minJ + rangeJ * random.rand(k, 1))    # 随机生成
    return centroids


# k-means 聚类算法
# 该算法会创建 k 个质心,然后将每个点分配到最近的质心,再重新计算质心。
# 这个过程重复数次,直到数据点的簇分配结果不再改变位置。
# 运行结果(多次运行结果可能会不一样,可以试试,可能受到随机质心的影响,但总的结果是对
#   的,因为数据足够相似,也可能会陷入局部最小值)
def kMeans(dataMat, k, distMeas=distEclud, createCent=randCent):
    m = shape(dataMat)[0]    # 行数
    clusterAssment = mat(zeros((m, 2)))    # 创建一个与 dataMat 行数一样,但是有两
                                            # 列的矩阵,用来保存簇分配结果
    centroids = createCent(dataMat, k)    # 创建质心,随机 k 个质心
```

```
            clusterChanged = True
            while clusterChanged:
                clusterChanged = False
                for i in range(m):  # 循环每一个数据点并分配到最近的质心中去
                    minDist = inf
                    minIndex = -1
                    for j in range(k):
                        distJI = distMeas(centroids[j,:],
                                    dataMat[i,:])  # 计算数据点到质心的距离
                        if distJI < minDist:  # 如果距离比 minDist(最小距离)还小,更新
                            minDist(最小距离)和最小质心的 index(索引)
                            minDist = distJI
                            minIndex = j
                    if clusterAssment[i,0]! = minIndex:  # 簇分配结果改变
                        clusterChanged = True  # 簇改变
                    clusterAssment[i,:] = minIndex,minDist**2  # 更新簇分配结果
                        为最小质心的 index(索引),minDist(最小距离)的平方
                print(centroids)
                for cent in range(k):  # 更新质心
                    ptsInClust = dataMat[nonzero(clusterAssment[:,0].A = = cent)
                    [0]]  # 获取该簇中的所有点
                    centroids[cent,:] = mean(ptsInClust,axis = 0)  # 将质心修改为簇中
                        所有点的平均值,mean 就是求平均值的
            return centroids, clusterAssment

# 二分 KMeans 聚类算法,基于 kMeans 基础之上的优化,以避免陷入局部最小值
def biKMeans(dataMat, k, distMeas = distEclud):
    m = shape(dataMat)[0]
    clusterAssment = mat(zeros((m,2)))  # 保存每个数据点的簇分配结果和平方误差
    centroid0 = mean(dataMat, axis = 0).tolist()[0]  # 质心初始化为所有数据点的
        均值
    centList = [centroid0]  # 初始化只有 1 个质心的 list
    for j in range(m):  # 计算所有数据点到初始质心的距离平方误差
        clusterAssment[j,1] = distMeas(mat(centroid0), dataMat[j,:])**2
    while(len(centList) < k):  # 当质心数量小于 k 时
        lowestSSE = inf
        for i in range(len(centList)):  # 对每一个质心
            ptsInCurrCluster = dataMat[nonzero(
                clusterAssment[:,0].A = = i)[0],:]  # 获取当前簇 i 下的所有数
```

据点
```python
        centroidMat, splitClustAss = kMeans(
            ptsInCurrCluster, 2, distMeas)   # 将当前簇 i 进行二分 kMeans 处理
        sseSplit = sum(splitClustAss[:, 1])  # 将二分 kMeans 结果中的平方和
的距离进行求和
        sseNotSplit = sum(
            clusterAssment[nonzero(clusterAssment[:, 0].A != i)[0],
            1])  # 将未参与二分 kMeans 分配结果中的平方和的距离进行求和
        print("sseSplit, and notSplit: ", sseSplit, sseNotSplit)
        if(sseSplit + sseNotSplit) < lowestSSE:
            bestCentToSplit = i
            bestNewCents = centroidMat
            bestClustAss = splitClustAss.copy()
            lowestSSE = sseSplit + sseNotSplit
    # 找出最好的簇分配结果
    bestClustAss[nonzero(bestClustAss[:, 0].A == 1)[0], 0] = len(
        centList)   # 调用二分 kMeans 的结果,默认簇是 0,1,当然也可以改成其他的
数字
    bestClustAss[nonzero(bestClustAss[:, 0].A == 0)[0],
            0] = bestCentToSplit   # 更新为最佳质心
    print('the bestCentToSplit is: ', bestCentToSplit)
    print('the len of bestClustAss is: ', len(bestClustAss))
    # 更新质心列表
    centList[bestCentToSplit] = bestNewCents[0, :].tolist()[
        0]  # 更新原质心 list 中的第 i 个质心为使用二分 kMeans 后 bestNewCents
的第一个质心
    centList.append(
        bestNewCents[1, :].tolist()[0])   # 添加 bestNewCents 的第二个质心
        clusterAssment [ nonzero ( clusterAssment [:, 0]. A ==
bestCentToSplit)[
            0], :] = bestClustAss   # 重新分配最好簇下的数据(质心)以及 SSE
    return mat(centList), clusterAssment


def testBasicFunc():
    # 加载测试数据集
    dataMat = mat(loadDataSet('data/10.KMeans/testSet.txt'))

    # 测试 randCent() 函数是否正常运行
    # 首先,先看一下矩阵中的最大值与最小值
```

```python
    print('min(dataMat[:, 0]) =', min(dataMat[:, 0]))
    print('min(dataMat[:, 1]) =', min(dataMat[:, 1]))
    print('max(dataMat[:, 1]) =', max(dataMat[:, 1]))
    print('max(dataMat[:, 0]) =', max(dataMat[:, 0]))

    # 然后看看 randCent() 函数能否生成 min 到 max 之间的值
    print('randCent(dataMat, 2) =', randCent(dataMat, 2))

    # 最后测试一下距离计算方法
    print(' distEclud(dataMat[0], dataMat[1]) =', distEclud(dataMat[0], dataMat[1]))


def testKMeans():
    # 加载测试数据集
    dataMat = mat(loadDataSet('data/10.KMeans/testSet.txt'))

    # 该算法会创建 k 个质心,然后将每个点分配到最近的质心,再重新计算质心。
    # 这个过程重复数次,直到数据点的簇分配结果不再改变位置。
    # 运行结果(多次运行结果可能会不一样,可以试试,可能受到随机质心的影响,但总的结果是
    #   对的,因为数据足够相似)
    myCentroids, clustAssing = kMeans(dataMat, 4)

    print('centroids =', myCentroids)


def testBiKMeans():
    # 加载测试数据集
    dataMat = mat(loadDataSet('data/10.KMeans/testSet2.txt'))

    centList, myNewAssments = biKMeans(dataMat, 3)

    print('centList =', centList)


if __name__ == "__main__":

    # 测试基础的函数
    # testBasicFunc()

    # 测试 kMeans 函数
    # testKMeans()
```

```
# 测试二分 biKMeans 函数
testBiKMeans()
```

参考运行结果如图 4.14 所示。

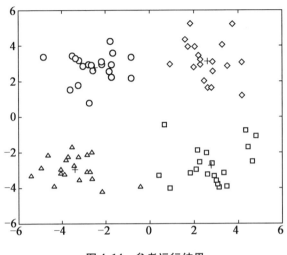

图 4.14　参考运行结果

6. K – Means 聚类算法的缺陷

在 K – Means 的函数测试中,可能偶尔会陷入局部最小值(局部最优的结果,但不是全局最优的结果)。

局部最小值的情况如图 4.15 所示。

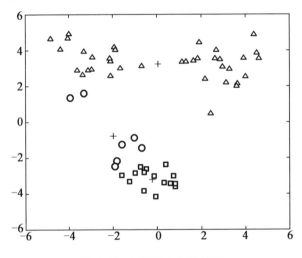

图 4.15　局部最小值的情况

出现这个问题有很多原因,可能是 K 值取的不合适,可能是距离函数不合适,可能是最初随机选取的质心靠得太近,也可能是数据本身分布的问题。

为了解决这个问题,可以对生成的簇进行后处理,方法是将具有最大 SSE 值的簇划分成两个簇。具体实现时可以将最大簇包含的点过滤出来并在这些点上运行 K - 均值算法,令 K 设为 2。

为了保持簇总数不变,可以将某两个簇进行合并。从图 4.15 中很明显就可以看出,应该将图 4.15 下部两个出错的簇质心进行合并。那么问题来了,可以很容易对二维数据上的聚类进行可视化,但是如果遇到四十维的数据应该如何去做?

有两种可以量化的办法:合并最近的质心,或者合并两个使得 SSE 增幅最小的质心。第一种思路通过计算所有质心之间的距离,然后合并距离最近的两个点来实现;第二种方法需要合并两个簇然后计算总 SSE 值。必须在所有可能的两个簇上重复上述处理过程,直到找到合并最佳的两个簇为止。

(1)下载源码。在 github 查找电子附件 < git 项目大瘦身 > 并下载相应代码,如图 4.16 所示。

图 4.16　下载源码

(2)下载数据集,如图 4.17 所示。

图 4.17　下载数据集

(3)构建项目文件夹。将下载的程序及数据集放到同一文件夹下,如图4.18所示。用 vscode 打开该文件夹,并点击"终端"—"新建终端"选项,如图4.19所示。

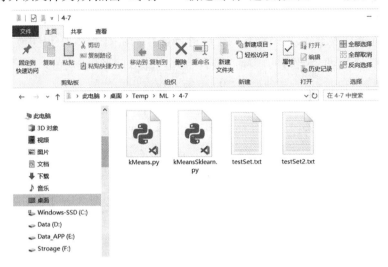

图 4.18 数据集文件包

图 4.19 "新建终端"选项

(4)读取文件到内存。在新建的终端界面依次输入以下代码:

Python
import kMeans
from numpy import *
datMat = mat(kMeans.loadDataSet('testSet.txt'))

打开环境并从文件中读出数据,运行结果如图4.20所示。

```
问题  输出  终端  调试控制台

PS C:\Users\CuiJinghui\Desktop\Temp\ML\4-7> python
Python 3.9.7 (tags/v3.9.7:1016ef3, Aug 30 2021, 20:19:38) [MSC v.1929 64 bit (AMD64)] on win32
Type "help", "copyright", "credits" or "license" for more information.
>>> import kMeans
>>> from numpy import *
>>> datMat=mat(kMeans.loadDataSet('testSet.txt'))
>>>
```

图 4.20　运行结果

(5) 运行测试函数。依次输入以下代码：

min(datMat[:,0])#查看矩阵中最大值和最小值

min(datMat[:,1])

max(datMat[:,1])

max(datMat[:,0])

kMeans.randCent(datMat,2)#查看 randCent() 函数能否生成 min 到 max 之间的值。

kMeans.distEclud(datMat[0],datMat[1])#测试距离计算方法

测试输入矩阵内容和各函数功能，运行结果如图 4.21 所示。

```
问题  输出  终端  调试控制台

PS C:\Users\CuiJinghui\Desktop\Temp\ML\4-7> python
Python 3.9.7 (tags/v3.9.7:1016ef3, Aug 30 2021, 20:19:38) [MSC v.1929 64 bit (AMD64)] on win32
Type "help", "copyright", "credits" or "license" for more information.
>>> import kMeans
>>> from numpy import *
>>> datMat=mat(kMeans.loadDataSet('testSet.txt'))
>>> min(datMat[:,0])
matrix([[-5.379713]])
>>> min(datMat[:,1])
matrix([[-4.232586]])
>>> max(datMat[:,1])
matrix([[5.1904]])
>>> max(datMat[:,0])
matrix([[4.838138]])
>>> kMeans.randCent(datMat, 2)
matrix([[-0.48911876,  0.03874248],
        [-3.63034637, -0.6427704 ]])
>>> kMeans.distEclud(datMat[0], datMat[1])
5.184632816681332
>>>
```

图 4.21　终端运行结果

(6) 修改数据文件路径。在 vscode 中打开 kMeansSklearn.py 并修改文件第九行路径为"testSet.txt"，程序源码如图 4.22 所示。

```python
# coding:utf-8

import numpy as np
import matplotlib.pyplot as plt
from sklearn.cluster import KMeans

# 加载数据集
dataMat = []
fr = open("testSet.txt")  # 注意，这个是相对路径，请保证是在 MachineLearning 这个目录下执行。
for line in fr.readlines():
    curLine = line.strip().split('\t')
    fltLine = list(map(float,curLine))      # 映射所有的元素为 float（浮点数）类型
    dataMat.append(fltLine)

# 训练模型
km = KMeans(n_clusters=4) # 初始化
km.fit(dataMat) # 拟合
km_pred = km.predict(dataMat) # 预测
centers = km.cluster_centers_ # 质心

# 可视化结果
plt.scatter(np.array(dataMat)[:, 1], np.array(dataMat)[:, 0], c=km_pred)
plt.scatter(centers[:, 1], centers[:, 0], c="r")
plt.show()
```

图 4.22　程序源码

(7)运行程序。运行结果如图 4.23 所示。

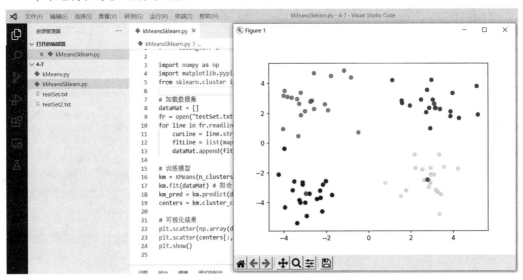

图 4.23　运行结果

4.8 利用 PCA 来简化数据

本次授课的目的和要求：
- 学会使用 PCA 来简化数据

本次授课的重点、难点及解决措施：
- 重点：利用 PCA 来简化数据
- 难点：专业词汇的深入掌握，动手实验
- 解决措施：查阅课外资料，加深了解，动手实验，提高学习效率

本次授课采用的教学方式、方法：

讲授、实验

本次授课采用的教具、挂图及工具：

Python 3.6 +、Vs Code

课后作业内容与预估计完成时间：
- 预计完成时间：40 分钟
- 查找相关资料
- 复现实验环境与结果
- 预习下一节内容

思考一分钟：

为什么要进行数据降维？有几种降维方法，它们的中心思想分别是什么？

本次课的小结与改进措施：

4.8.1 降维技术

我们正通过电视观看体育比赛，在电视的显示器上有一个球。显示器大概包含了

100万像素点,而球则可能是由较少的像素点组成,例如说一千个像素点。人们实时地将显示器上的百万像素转换成为一个三维图像,该图像就给出运动场上球的位置。在这个过程中,人们已经将百万像素点的数据降至三维。这个过程就称为降维(dimensionality reduction)。

数据显示并非大规模特征下的唯一难题,对数据进行简化还有一系列的原因:①使得数据集更容易使用;②降低很多算法的计算开销;③去除噪声;④使得结果易懂。

适用范围:

①在已标注与未标注的数据上都有降维技术;②这里将主要关注未标注数据上的降维技术,该技术同样也可以应用于已标注的数据。

在以下三种降维技术中,PCA 的应用目前最为广泛。

1. 主成分分析(Principal Component Analysis,PCA)

通俗理解:就是找出一个最主要的特征,然后进行分析。例如:考查一个人的智力情况,就直接看数学成绩就行(存在:数学、语文、英语成绩)。

2. 因子分析(Factor Analysis)

通俗理解:将多个实测变量转换为少数几个综合指标。它反映一种降维的思想,通过降维将相关性高的变量聚在一起,从而减少需要分析的变量的数量,而减少问题分析的复杂性。例如:考查一个人的整体情况,就直接组合三样成绩(隐变量),看平均成绩就行(存在:数学、语文、英语成绩)。应用的领域包括社会科学、金融和其他领域。

在因子分析中,假设观察数据的成分中有一些观察不到的隐变量(latent variable),假设观察数据是这些隐变量和某些噪声的线性组合,那么隐变量的数据可能比观察数据的数目少,也就说通过找到隐变量就可以实现数据的降维。

3. 独立成分分析(Independ Component Analysis,ICA)

通俗理解:ICA 认为观测信号是若干个独立信号的线性组合,ICA 要做的是一个解混过程。例如,去 KTV 唱歌,想辨别唱的是什么歌曲?ICA 是观察发现是原唱唱的一首歌【2 个独立的声音(原唱/主唱)】。ICA 是假设数据是从 N 个数据源混合组成的,这一点和因子分析有些类似,这些数据源之间在统计上是相互独立的,而在 PCA 中只假设数据是不相关(线性关系)的。同因子分析一样,如果数据源的数目少于观察数据的数目,则可以实现降维过程。

4.8.2 PCA 主成分分析

1. PCA 原理

找出第一个主成分的方向,也就是数据方差最大的方向。找出第二个主成分的方向,也就是数据方差次大的方向,并且该方向与第一个主成分方向正交(如果是二维空间就称为垂直)。通过这种方式计算出所有的主成分方向。通过数据集的协方差矩阵及其特征值分析,可以得到这些主成分的值。一旦得到了协方差矩阵的特征值和特征向量,就可以保留最大的 N 个特征。这些特征向量也给出了 N 个最重要特征的真实结构,就可以通过将数据乘上这 N 个特征向量从而将它转换到新的空间上。

正交是为了数据有效性损失最小,正交的一个原因是特征值的特征向量是正交的。具体如图 4.24 所示。

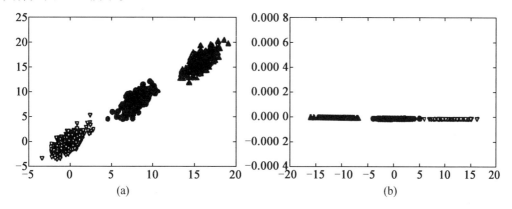

图 4.24　二维空间的三个类别

注:当在该数据集上应用 PAC 时,就可以去掉一维,从而使得该分类问题变得更容易处理

2. PCA 优缺点

优点:降低数据的复杂性,识别最重要的多个特征。

缺点:不一定需要,且可能损失有用信息。

适用数据类型:数值型数据。

4.8.3　实验案例:对半导体数据进行降维处理

1. 项目概述

半导体是在一些极为先进的工厂中制造出来的。设备的生命周期有限,并且花费极其巨大。虽然通过早期测试和频繁测试可发现有瑕疵的产品,但仍有一些存在瑕疵的产品通过测试。如果将机器学习技术用于发现瑕疵产品,那么它就会为制造商节省大量资金。具体来讲,它拥有 590 个特征。看看能否对这些特征进行降维处理。

对于数据的缺失值的问题,有一些处理方法。目前处理的方案是:将缺失值 NaN(Not a Number)全部用平均值来替代。

2. 开发流程

(1)收集数据:提供文本文件。

文件名:secom.data

(2)准备数据:将 value 为 NaN 的求均值,具体程序如下:

```
def replaceNanWithMean():
    datMat = loadDataSet('data/13.PCA/secom.data', ' ')
    numFeat = shape(datMat)[1]
    for i in range(numFeat):
        # 对 value 不为 NaN 的求均值
        # .A 返回矩阵基于的数组
        meanVal = mean(datMat[nonzero( ~isnan(datMat[:,i].A))[0],i])
        # 将 value 为 NaN 的值赋值为均值
        datMat[nonzero(isnan(datMat[:,i].A))[0],i] = meanVal
    return datMat
```

（3）分析数据：统计分析 N 的阈值。

表4.4给出了这些主成分所对应的方差百分比和累积方差百分比。浏览"累积方差百分比/%"这一列就会注意到,前六个主成分就覆盖了数据96.8%的方差,而前20个主成分覆盖了99.3%的方差。这就表明了,如果保留前六个而去除后584个主成分,就可以实现大概100:1的压缩比。另外,由于舍弃了噪声的主成分,将后面的主成分去除便使得数据更加干净。

表4.4 半导体数据中前七个主成分所占的方差百分比

主成分	方差百分比/%	累积方差百分比/%
1	59.2	59.2
2	24.1	83.4
3	9.2	92.5
4	2.3	94.8
5	1.5	96.3
6	0.5	96.8
7	0.3	97.1
20	0.08	99.3

（4）PCA 数据降维。

在等式 $Av = \lambda v$ 中,v 是特征向量,λ 是特征值。表示如果特征向量 v 被某个矩阵 A 左乘,那么它就等于某个标量 λ 乘以 v。幸运的是:Numpy 中有寻找特征向量和特征值的模块 linalg,它有 eig() 方法,该方法用于求解特征向量和特征值。具体程序如下:

```
def pca(dataMat, topNfeat=9999999):
    """pca
    Args:
        dataMat      原数据集矩阵
```

```
        topNfeat    应用的 N 个特征
Returns：
        lowDDataMat    降维后数据集
        reconMat       新的数据集空间
"""

# 计算每一列的均值
meanVals = mean(dataMat, axis = 0)
# print 'meanVals', meanVals

# 每个向量同时都减去均值
meanRemoved = dataMat - meanVals
# print 'meanRemoved = ', meanRemoved

# cov 协方差 = [(x1 - x 均值) * (y1 - y 均值) + (x2 - x 均值) * (y2 - y 均值) + ... + (xn -
  x 均值) * (yn - y 均值) + ]/(n - 1)
'''
方差：(一维)度量两个随机变量关系的统计量
协方差：(二维)度量各个维度偏离其均值的程度
协方差矩阵：(多维)度量各个维度偏离其均值的程度

当 cov(X, Y) > 0 时，表明 X 与 Y 正相关；(X 越大，Y 也越大；X 越小 Y，也越小。这种情况，称为
"正相关"。)
当 cov(X, Y) < 0 时，表明 X 与 Y 负相关；
当 cov(X, Y) = 0 时，表明 X 与 Y 不相关。
'''
covMat = cov(meanRemoved, rowvar = 0)

# eigVals 为特征值，eigVects 为特征向量
eigVals, eigVects = linalg.eig(mat(covMat))
# print 'eigVals = ', eigVals
# print 'eigVects = ', eigVects
# 对特征值，进行从小到大的排序，返回从小到大的 index 序号
# 特征值的逆序就可以得到 topNfeat 个最大的特征向量
'''
> > > x = np.array([3, 1, 2])
> > > np.argsort(x)
array([1, 2, 0])    # index,1 = 1; index,2 = 2; index,0 = 3
> > > y = np.argsort(x)
```

```
>>> y[::-1]
array([0,2,1])
>>> y[:-3:-1]
array([0,2])   # 取出 -1, -2
>>> y[:-6:-1]
array([0,2,1])
'''
eigValInd = argsort(eigVals)
# print 'eigValInd1 =', eigValInd
# -1 表示倒序,返回 topN 的特征值[-1 到 -(topNfeat+1) 但是不包括 -(topNfeat+1) 本身的倒叙]
eigValInd = eigValInd[:-(topNfeat+1):-1]
# print 'eigValInd2 =', eigValInd
# 重组 eigVects 最大到最小
redEigVects = eigVects[:, eigValInd]
# print 'redEigVects =', redEigVects.T
# 将数据转换到新空间
# ---(1567,590)(590,20)
# print "---", shape(meanRemoved), shape(redEigVects)
lowDDataMat = meanRemoved * redEigVects
reconMat = (lowDDataMat * redEigVects.T) + meanVals
# print 'lowDDataMat =', lowDDataMat
# print 'reconMat =', reconMat
return lowDDataMat, reconMat
```

（5）完整代码。

```
#!/usr/bin/python
# coding: utf-8

'''
Author: Peter Harrington/片刻
GitHub: https://github.com/apachecn/AiLearning
'''
from __future__ import print_function
from numpy import *
import matplotlib.pyplot as plt
print(__doc__)
```

```python
def loadDataSet(fileName, delim = '\t'):
    fr = open(fileName)
    stringArr = [line.strip().split(delim) for line in fr.readlines()]
    datArr = [map(float, line) for line in stringArr]
    return mat(datArr)


def pca(dataMat, topNfeat = 9999999):
    """pca

    Args:
        dataMat     原数据集矩阵
        topNfeat    应用的 N 个特征
    Returns:
        lowDDataMat  降维后数据集
        reconMat     新的数据集空间
    """

    # 计算每一列的均值
    meanVals = mean(dataMat, axis = 0)
    # print 'meanVals', meanVals

    # 每个向量同时都减去均值
    meanRemoved = dataMat - meanVals
    # print 'meanRemoved =', meanRemoved

    # cov 协方差 =[(x1 - x 均值)*(y1 - y 均值)+(x2 - x 均值)*(y2 - y 均值)+...+
    #   (xn - x 均值)*(yn - y 均值)+]/(n - 1)
    '''
    方差：(一维)度量两个随机变量关系的统计量
    协方差： (二维)度量各个维度偏离其均值的程度
    协方差矩阵：(多维)度量各个维度偏离其均值的程度

    当 cov(X, Y) >0 时,表明 X 与 Y 正相关;(X 越大,Y 也越大;X 越小 Y,也越小。这种情况,称为"正相关"。)
    当 cov(X, Y) <0 时,表明 X 与 Y 负相关;
    当 cov(X, Y) =0 时,表明 X 与 Y 不相关。
    '''
    covMat = cov(meanRemoved, rowvar = 0)
```

机 器 学 习

```
# eigVals 为特征值, eigVects 为特征向量
eigVals, eigVects = linalg.eig(mat(covMat))
# print 'eigVals =', eigVals
# print 'eigVects =', eigVects
# 对特征值,进行从小到大的排序,返回从小到大的 index 序号
# 特征值的逆序就可以得到 topNfeat 个最大的特征向量
'''
>>> x = np.array([3,1,2])
>>> np.argsort(x)
array([1,2,0])   # index,1 = 1; index,2 = 2; index,0 = 3
>>> y = np.argsort(x)
>>> y[::-1]
array([0,2,1])
>>> y[:-3:-1]
array([0,2])   # 取出 -1, -2
>>> y[:-6:-1]
array([0,2,1])
'''
eigValInd = argsort(eigVals)
# print 'eigValInd1 =', eigValInd


# -1 表示倒序,返回 topN 的特征值[-1 到 -(topNfeat+1) 但是不包括 -(topNfeat
  +1)本身的倒叙]
eigValInd = eigValInd[:-(topNfeat+1):-1]
# print 'eigValInd2 =', eigValInd
# 重组 eigVects 最大到最小
redEigVects = eigVects[:,eigValInd]
# print 'redEigVects =', redEigVects.T
# 将数据转换到新空间
# print "---", shape(meanRemoved), shape(redEigVects)
lowDDataMat = meanRemoved * redEigVects
reconMat = (lowDDataMat * redEigVects.T) + meanVals
# print 'lowDDataMat =', lowDDataMat
# print 'reconMat =', reconMat
return lowDDataMat, reconMat

def replaceNanWithMean():
```

```python
    datMat = loadDataSet('data/13.PCA/secom.data', ' ')
    numFeat = shape(datMat)[1]
    for i in range(numFeat):
        # 对 value 不为 NaN 的求均值
        # .A 返回矩阵基于的数组
        meanVal = mean(datMat[nonzero(~isnan(datMat[:, i].A))[0], i])
        # 将 value 为 NaN 的值赋值为均值
        datMat[nonzero(isnan(datMat[:, i].A))[0],i] = meanVal
    return datMat

def show_picture(dataMat, reconMat):
    fig = plt.figure()
    ax = fig.add_subplot(111)
    ax.scatter(dataMat[:, 0].flatten().A[0], dataMat[:, 1].flatten().A[0], marker='^', s=90)
    ax.scatter(reconMat[:, 0].flatten().A[0], reconMat[:, 1].flatten().A[0], marker='o', s=50, c='red')
    plt.show()

def analyse_data(dataMat):
    meanVals = mean(dataMat, axis=0)
    meanRemoved = dataMat-meanVals
    covMat = cov(meanRemoved, rowvar=0)
    eigvals, eigVects = linalg.eig(mat(covMat))
    eigValInd = argsort(eigvals)

    topNfeat = 20
    eigValInd = eigValInd[:-(topNfeat+1):-1]
    cov_all_score = float(sum(eigvals))
    sum_cov_score = 0
    for i in range(0, len(eigValInd)):
        line_cov_score = float(eigvals[eigValInd[i]])
        sum_cov_score += line_cov_score
        '''
```

发现其中有超过 20% 的特征值都是 0。

这就意味着这些特征都是其他特征的副本,也就是说,它们可以通过其他特征来表示,而本身并没有提供额外的信息。

最前面 15 个值的数量级大于 10^5,实际上那以后的值都变得非常小。

这就相当于只有部分重要特征,重要特征的数目也很快就会下降。

最后,可能会注意到有一些小的负值,它们主要源自数值误差应该四舍五入成0。
'''
print('主成分:%s,方差占比:%s%%,累积方差占比:%s%%'%(format(i+1,'2.0f'),format(line_cov_score/cov_all_score*100,'4.2f'),format(sum_cov_score/cov_all_score*100,'4.1f')))

```
if __name__ == "__main__":
    ##加载数据,并转化数据类型为float
    # dataMat = loadDataSet('data/13.PCA/testSet.txt')
    ##只需要1个特征向量
    # lowDmat, reconMat = pca(dataMat, 1)
    ##只需要2个特征向量,和原始数据一致,没任何变化
    ##lowDmat, reconMat = pca(dataMat, 2)
    ##print shape(lowDmat)
    # show_picture(dataMat, reconMat)

    # 利用PCA对半导体制造数据降维
    dataMat = replaceNanWithMean()
    print(shape(dataMat))
    # 分析数据
    analyse_data(dataMat)
    # lowDmat, reconMat = pca(dataMat, 20)
    # print shape(lowDmat)
    # show_picture(dataMat, reconMat)
```

3. 要点补充

降维技术使得数据变得更易使用,并且它们往往能够去除数据中的噪声,使得其他机器学习任务更加精确。降维往往作为预处理步骤,在数据应用到其他算法之前清洗数据。比较流行的降维技术有:独立成分分析、因子分析和主成分分析,其中又以主成分分析应用最广泛。

本章中的PCA将所有的数据集都调入了内存,如果无法做到,就需要其他方法来寻找其特征值。如果使用在线PCA分析的方法,可以参考一篇优秀的论文 *Incremental Eigenanalysis for Classification*。

4.9 神经网络

本次授课的目的和要求：
- 学习神经网络相关概念

本次授课的重点、难点及解决措施：
- 重点:神经网络的结构与分类
- 难点:专业词汇的深入掌握,动手实验
- 解决措施:查阅课外资料,加深了解,动手实验,提高学习效率

本次授课采用的教学方式、方法：

讲授、实验

本次授课采用的教具、挂图及工具：

无

课后作业内容与预估计完成时间：
- 预计完成时间:30分钟
- 查找相关资料
- 预习下一节内容

思考一分钟：

神经网络由什么组成？神经网络有哪几种类型？

本次课的小结与改进措施：

4.9.1 什么是神经网络？

神经网络,也称为人工神经网络(ANN)或模拟神经网络(SNN),是机器学习的子集,并且是深度学习算法的核心。其名称和结构是受人类大脑的启发,模仿了生物神经元信号相互传递的方式。

人工神经网络(ANN)由节点层组成,包含一个输入层、一个或多个隐藏层和一个输出层。每个节点也称一个人工神经元,它们连接到另一个节点,具有相关的权重和阈值。

如果任何单个节点的输出高于指定的阈值,那么该节点将被激活,并将数据发送到网络的下一层。否则,不会将数据传递到网络的下一层,如图 4.25 所示。

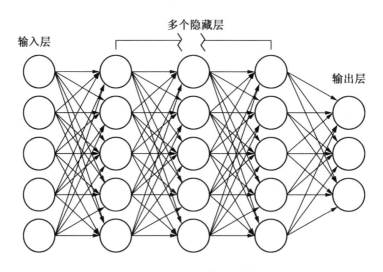

图 4.25 深度神经网络

神经网络依赖于训练数据随时间的推移不断学习并提高其准确性。然而,一旦这些学习算法的准确性经过调优,它们便是计算科学和人工智能中的强大工具,可以快速地对数据进行分类。与由人类专家进行的人工识别相比,语音识别或图像识别任务可能仅需要几分钟而不是数小时。最著名的神经网络之一是 Google 的搜索算法。

4.9.2 神经网络如何运作?

将各个节点想象成其自身的线性回归模型,由输入数据、权重、偏差(或阈值)和输出组成。公式为

$$\sum_{i=1}^{m} w_i x_i + \text{bias} = w_1 x_1 + w_2 x_2 + w_3 x_3 + \text{bias} \tag{4.6}$$

$$\text{output} = f(x) = \begin{cases} 1 \text{ if } \sum w_1 x_1 + b \geq 0 \\ 0 \text{ if } \sum w_1 x_1 + b < 0 \end{cases} \tag{4.7}$$

一旦确定了输入层,就会分配权重。这些权重有助于确定任何给定变量的重要性,与其他输入相比,较大的权重对输出的贡献更大。将所有输入乘以其各自的权重,然后求和。之后,输出通过一个激活函数传递,该函数决定了输出结果。如果该输出超出给定阈值,那么它将"触发"(或激活)节点,将数据传递到网络中的下一层。这会导致一个节点的输出变成下一个节点的输入。这种将数据从一层传递到下一层的过程规定了该神经网络为前馈网络。

使用二进制值来分析单个节点的样子。可以将这个概念应用到更具体的例子,比如

您是否应该去冲浪？（是为1，否为0）决定去还是不去是预测的结果，或者$\hat{y}$。假设有三个因素影响您的决策：

a 海浪是否合适？（是为1，否为0）

b 是否不需要排队？（是为1，否为0）

c 最近是否发生过鲨鱼袭击事件？（是为0，否为1）

然后，做出以下假设，提供以下输入：

- $X_a = 1$，因为海浪在涌动；
- $X_b = 0$，因为人很多；
- $X_c = 1$，因为最近没有发生过鲨鱼攻击事件。

现在，需要分配一些权重来确定重要性。较大的权重表示特定变量对决策或结果的重要性更高。

- $W_a = 5$，因为巨浪不经常出现；
- $W_b = 2$，因为您已经习惯了人群；
- $W_c = 4$，因为您害怕鲨鱼。

最后，还将假设阈值为3，也就是偏差值为 -3。有了所有各种输入，可以开始将值代入公式，以得到所需的输出。

$$\hat{y} = (1 \times 5) + (0 \times 2) + (1 \times 4) - 3 = 6$$

如果使用本节开头的激活函数，那么可以确定此节点的输出将为1，因为6大于0。在这种情况下，您会去冲浪；但如果调整权重或阈值，就可以从模型中获得不同的结果。如果观察某个决策，例如在上面的示例中，可以看到神经网络如何根据先前决策层的输出做出越来越复杂的决策。

在上面的例子中，利用感知器来说明这里发挥作用的一些数学运算，而神经网络利用 sigmoid 神经元，它们的值介于 0 到 1 之间。由于神经网络的行为类似于决策树，它将数据从一个节点级联到另一个节点，x 值介于 0 到 1 之间将减少单个变量的任何给定变化对任何给定节点的输出乃至神经网络的输出的影响。

接着开始思考更实际的神经网络用例，例如图像识别或分类，将利用监督式学习或标签化数据集来训练算法。当训练模型时，将使用成本（或损失）函数来评估其准确性。这通常也称为均方误差（MSE），即

$$\text{MSE} = \frac{1}{2m} \sum_{i=1}^{m} (\hat{y} - y)^2 \tag{4.8}$$

式中　i——样本的索引；

　　　$\hat{y}$——预测的结果；

　　　y——实际值；

　　　m——样本的数量。

最终的目标是使成本函数最小化，以确保对任何给定观测的拟合的正确性。当模型调整其权重和偏差时，它使用成本函数和强化学习来达到收敛点或局部最小值。算法通

过梯度下降调整权重,这使模型可以确定减少错误(或使成本函数最小化)的方向。通过每个训练示例,模型的参数不断调整,逐渐收敛到最小值,如图 4.26 所示。

大多数深度神经网络都是前馈网络,意味着它们仅以从输入到输出这一个方向流动。但是,也可以通过反向传播来训练模型,即以从输出到输入的相反方向移动。反向传播可以计算和确定与每个神经元相关的误差,从而允许适当地调整和拟合模型的参数。

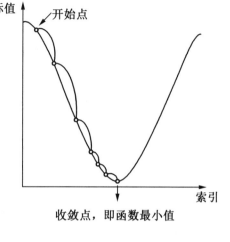

图 4.26 LOSS 算法

4.9.3 神经网络的类型

神经网络可以分类为不同的类型,分别用于不同的目的。

感知器是最古老的神经网络,由 Frank Rosenblatt 于 1958 年创建。它有一个神经元,是神经网络最简单的形式,如图 4.27 所示。

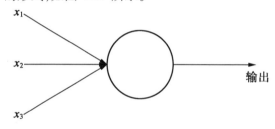

图 4.27 感知器

前馈神经网络或多层感知器(MLP)是本节中主要关注的内容。它们由输入层、一个或多个隐藏层以及输出层组成。虽然这些神经网络通常也被称为 MLP,但值得注意的是,它们实际上由 sigmoid 神经元而不是感知器组成,因为大多数现实问题是非线性的。数据通常会馈送到这些模块中以进行训练,它们是计算机视觉、自然语言处理和其他神经网络的基础。

卷积神经网络(CNN)类似于前馈网络,但通常用于图像识别、模式识别和计算机视觉。这些网络利用线性代数的原理(特别是矩阵乘法)来识别图像中的模式。

循环神经网络(RNN)由其反馈环路来识别。这些学习算法主要用在使用时间序列数据来预测未来结果(如股票市场预测或销售预测)的情况中。

4.9.4 神经网络与深度学习

深度学习和神经网络在对话中往往可以互换使用,这可能会让人感到困惑。因此,值得注意的是,深度学习中的"深度"只是指神经网络中层的深度。由三个以上的层组成的神经网络(包含输入和输出)即可视为深度学习算法。只有两层或三层的神经网络只是基本神经网络。

4.9.5 神经网络的历史

神经网络的历史比大多数人想象得要长。虽然"一种会思考的机器"理念可以追溯到古希腊,但将重点关注导致对神经网络的思考发生演变的关键事件,因为多年来,神经网络的受欢迎程度忽高忽低。

1943 年,Warren S. McCulloch 和 Walter Pitts 发布了"A logical calculus of the ideas immanent in nervous activity",此研究致力于了解人类大脑如何通过连接的大脑细胞或神经元产生复杂的模式。这篇文章的一项主要思想是将使用二进制阈值的神经元与布尔逻辑进行比较(即 0/1 或 true/false 语句)。

1958 年,Frank Rosenblatt 认证并开发了感知器,将其记录在其研究中"The Perceptron: A Probabilistic Model for Information Storage and Organization in the Brain"。他通过在方程中引入权重,进一步巩固了 McCulloch 和 Pitt 的研究成果。利用 IBM 704,Rosenblatt 能够让计算机学习如何区分左侧和右侧标记的卡片。

1974 年,当大量的研究人员贡献着反向传播的各种构想时,Paul Werbos 在美国首先在其博士论文的文章中提出其在神经网络中的应用。

1989 年,Yann LeCun 发布了论文,说明了如何利用反向传播及其与神经网络架构集成中的限制以用于训练算法。这项研究成功地利用神经网络识别了美国邮政局提供的手写邮政编码数字。

4.10　Torch 运算

本次授课的目的和要求:

- 认识 Torch 运算

本次授课的重点、难点及解决措施:

- 重点:掌握几种基本的 Torch 运算
- 难点:理解 Torch 运算,动手实验
- 解决措施:查阅课外资料,加深了解,动手实验,提高学习效率

本次授课采用的教学方式、方法:

讲授、实验

本次授课采用的教具、挂图及工具：

Python 3.6 + 、Vs Code、Pytorch

课后作业内容与预估计完成时间：

- 预计完成时间:30 分钟
- 查找相关资料
- 复现实验环境与结果
- 预习下一节内容

思考一分钟：

Pytorch 中有哪些基本运算？它们的 API 与 Numpy 有何不同

本次课的小结与改进措施：

4.10.1 Torch 还是 Numpy

Torch 自称为神经网络界的 Numpy，因为它能将 Torch 产生的 tensor 放在 GPU 中加速运算（前提是有合适的 GPU），就像 Numpy 会把 array 放在 CPU 中加速运算。所以神经网络，当然是用 Torch 的 tensor 形式数据最好。就像 Tensorflow 当中的 tensor 一样。

当然，大家对 Numpy 还是爱不释手的，因为习惯了 Numpy 的形式。不过 Torch 了解到大家的喜爱，它把 Torch 做得和 Numpy 一样能很好地兼容。这样就能自由地转换 numpy array 和 torch tensor 了。具体程序如下：

```
import torch
import numpy as np

np_data = np.arange(6).reshape((2,3))
torch_data = torch.from_numpy(np_data)
tensor2array = torch_data.numpy()
print("numpy array:\n",np_data," \ntorch tensor:\n",torch_data," \ntensor to array:\n",tensor2array)
```

运行结果：

```
numpy array:
 [[0 1 2]
  [3 4 5]]
torch tensor:
 tensor([[0, 1, 2],
         [3, 4, 5]], dtype=torch.int32)
tensor to array:
 [[0 1 2]
  [3 4 5]]
```

4.10.2 Torch 中的数学运算

其实 torch tensor 的运算和 numpy array 如出一辙，下面以对比的形式来看。如果想了解 torch 中其他更多有用的运算符，可以阅读 Pytorch 官网的 API 介绍。

```
# abs 绝对值计算
data = [-1, -2, 1, 2]
tensor = torch.FloatTensor(data)  # 转换成32位浮点 tensor
print(
    '\nabs',
    '\nnumpy: ', np.abs(data),          # [1 2 1 2]
    '\ntorch: ', torch.abs(tensor)      # [1 2 1 2]
)
```

运行结果：

```
abs
numpy:
 [1 2 1 2]
torch:
 tensor([1., 2., 1., 2.])
```

```
# sin   三角函数 sin
print(
    '\nsin ',
    '\nnumpy: ', np.sin(data),     # [-0.84147098 -0.90929743  0.84147098  0.90929743]
    '\ntorch: ', torch.sin(tensor) # [-0.8415 -0.9093  0.8415  0.9093]
)
```

运行结果：

```
sin

numpy:
 [-0.84147098 -0.90929743  0.84147098  0.90929743]
torch:
 tensor([-0.8415, -0.9093,  0.8415,  0.9093])
```

```
# mean 均值
print(
    '\nmean',
    '\nnumpy: ', np.mean(data),         # 0.0
    '\ntorch: ', torch.mean(tensor)     # 0.0
)
```

运行结果:

```
mean

numpy:
 0.0
torch:
 tensor(0.)
```

除了简单的计算,矩阵运算才是神经网络中最重要的部分,下面展示一下矩阵的乘法。注意包含了一个 numpy 中可行,但是 torch 中不可行的方式。

```
# matrix multiplication 矩阵点乘
data = [[1,2], [3,4]]
tensor = torch.FloatTensor(data)  # 转换成 32 位浮点 tensor
# correct method
print(
    '\nmatrix multiplication(matmul)',
    '\nnumpy: ', np.matmul(data, data),      # [[7,10],[15,22]]
    '\ntorch: ', torch.mm(tensor, tensor)    # [[7,10],[15,22]]
)
```

运行结果:

```
matrix multiplication (matmul)

numpy:
 [[ 7 10]
 [15 22]]
torch:
 tensor([[ 7., 10.],
        [15., 22.]])
```

```
# !!!!  下面是错误的方法 !!!!
data = np.array(data)
print(
    '\nmatrix multiplication(dot)',
    '\nnumpy: ', data.dot(data),       # [[7,10],[15,22]] 在 numpy 中可行
    '\ntorch: ', tensor.dot(tensor)    # torch 会转换成 [1,2,3,4].dot([1,2,3,
```

4) = 30.0
)

运行结果：

```
Traceback (most recent call last):
  File "c:\Users\CuiJinghui\Desktop\Temp\ML\4-11\matrix_wrong.py", line 19, in <module>
    '\ntorch: \n', tensor.dot(tensor)\
RuntimeError: 1D tensors expected, but got 2D and 2D tensors
```

4.10.3 变量(Variable)

在 torch 中的 variable 就是一个存放会变化的值的地理位置,里面的值会不停地变化。就像一个装鸡蛋的篮子,鸡蛋数会不停变动。那谁是里面的鸡蛋呢,自然就是 torch 的 tensor。如果用一个 variable 进行计算,那返回的也是一个同类型的 variable。

定义一个 variable：

```
import torch
from torch.autograd import Variable # torch 中 Variable 模块


# 先生鸡蛋
tensor = torch.FloatTensor([[1,2],[3,4]])
# 把鸡蛋放到篮子里, requires_grad 是参不参与误差反向传播, 要不要计算梯度
variable = Variable(tensor, requires_grad=True)

print(tensor)
"""
1  2
3  4
[torch.FloatTensor of size 2x2]
"""
print(variable)
"""
Variable containing:
1  2
3  4
[torch.FloatTensor of size 2x2]
"""
```

运行结果：

```
tensor([[1., 2.],
        [3., 4.]])
tensor([[1., 2.],
        [3., 4.]], requires_grad=True)
```

1. variable 计算、梯度

下面再对比一下 tensor 的计算和 variable 的计算：

```
t_out = torch.mean(tensor*tensor)       # x²
v_out = torch.mean(variable*variable)   # x²
print(t_out)
print(v_out)    #7.5
```

运行结果：

```
tensor(7.5000)
tensor(7.5000, grad_fn=<MeanBackward0>)
```

到目前为止，看不出什么不同，但是时刻记住，variable 计算时，它在背景幕布后面一步步默默地搭建着一个庞大的系统，称为计算图（computational graph）。这个图是将所有的计算步骤（节点）都连接起来，最后进行误差反向传递的时候，一次性将所有 variable 里面的修改幅度（梯度）都计算出来，而 tensor 就没有这个能力。

$v_o$ut = torch.mean(variable*variable)就是在计算图中添加的一个计算步骤,计算误差反向传递的时候有它一份功劳,举个例子：

```
v_out.backward()    # 模拟 v_out 的误差反向传递
# 下面两步看不懂没关系,只要知道 Variable 是计算图的一部分,可以用来传递误差就好.
# v_out = 1/4 * sum(variable*variable) 这是计算图中的 v_out 计算步骤
# 针对 v_out 的梯度就是, d(v_out)/d(variable) = 1/4*2*variable = variable/2

print(variable.grad)    # 初始 Variable 的梯度
\'\'\'
0.5000  1.0000
1.5000  2.0000
\'\'\'
```

运行结果：

```
tensor([[0.5000, 1.0000],
        [1.5000, 2.0000]])
```

2. 获取 variable 里面的数据

直接 print(variable) 只会输出 variable 形式的数据，在很多时候是用不了的（比如想要用 plt 画图），所以要转换一下，将它变成 tensor 形式。

```
print(variable)    # Variable 形式
"""
Variable containing:
 1  2
 3  4
[torch.FloatTensor of size 2x2]
"""
```

运行结果：

```
tensor([[1., 2.],
        [3., 4.]], requires_grad=True)

print(variable.data)     # tensor 形式
"""
1  2
3  4
[torch.FloatTensor of size 2x2]
"""
```

运行结果：

```
tensor([[1., 2.],
        [3., 4.]])
print(variable.data.numpy())     # numpy 形式
"""
[[ 1\.  2.]
 [ 3\.  4.]]
"""
```

运行结果：

```
[[1. 2.]
 [3. 4.]]
```

4.11 Pytorch 搭建神经网络

本次授课的目的和要求：
- 学会使用 Pytorch 搭建神经网络

本次授课的重点、难点及解决措施：
- 重点：使用 Pytorch 搭建神经网络
- 难点：专业词汇的深入掌握，动手实验
- 解决措施：查阅课外资料，加深了解，动手实验，提高学习效率

本次授课采用的教学方式、方法：

讲授、实验

本次授课采用的教具、挂图及工具：

Python 3.6+、Vs Code、Pytorch

课后作业内容与预估计完成时间：
- 预计完成时间：30 分钟

- 查找相关资料
- 复现实验环境与结果
- 预习下一节内容

思考一分钟：

你在实验过程中遇到了什么问题？是如何解决的？

本次课的小结与改进措施：

神经网络反映人类大脑的行为,允许计算机程序识别模式,以及解决人工智能、机器学习和深度学习领域的常见问题。

在本节中,介绍如何开始使用热门的 PyTorch 库。与许多其他神经网络库相比,PyTorch 在较低的抽象级别上运行。这样,可以更好地控制代码,并可更轻松地进行自定义,但代价是必需编写其他代码。

了解本节所述观点的最佳方式是查看图 4.28 中的演示程序。演示程序将已知的鸢尾花数据集读入内存。目标是从以下四个预测因子值预测鸢尾花的种类（setosa、versicolor 或 virginica）:萼片长度、萼片宽度、花瓣长度和花瓣宽度。萼片是叶状结构。

```
C:\PyTorch\Iris>python iris_nn.py

Begin Iris Dataset with PyTorch demo

Loading Iris data into memory

Starting training
iteration =   60  loss = 0.7601  accuracy = 71.00%
iteration =  120  loss = 0.5719  accuracy = 71.00%
iteration =  180  loss = 0.5731  accuracy = 75.00%
iteration =  240  loss = 0.4043  accuracy = 81.00%
iteration =  300  loss = 0.4929  accuracy = 80.00%
iteration =  360  loss = 0.5085  accuracy = 82.00%
iteration =  420  loss = 0.3746  accuracy = 84.00%
iteration =  480  loss = 0.2908  accuracy = 84.00%
iteration =  540  loss = 0.4914  accuracy = 90.00%
Training complete

Accuracy on test data = 90.00%

Setting inputs to:
6.1 3.1 5.1 1.1
Predicted: (setosa, versicolor, virginica)
0.0454 0.6798 0.2748

End Iris demo

C:\PyTorch\Iris>
```

图 4.28 使用 PyTorch 的鸢尾花数据集示例

完整的鸢尾花数据集有 150 项。演示程序使用 120 项进行定型,并使用 30 项进行测试。该演示首先使用 PyTorch 创建一个神经网络,然后使用 600 次迭代定型该网络。定型后,使用测试数据评估模型。经过定型的模型具有 90.00% 的准确度,这意味着模型可正确地预测 30 个测试项中 27 项的种类。

最后,该演示将预测一种新的、以前没见过的具有萼片和花瓣值(6.1、3.1、5.1、1.1)的鸢尾花的种类。预测概率为(0.0454、0.6798、0.2748),这将映射到 versicolor 的预测。

若要更好地理解本节,至少必须拥有使用 C 系列语言的中等水平或更好的编程技能,但无需对 PyTorch 有任何了解。

4.11.1 安装 PyTorch

安装 PyTorch 包含两个步骤:首先安装 Python 和几个必需的辅助包,如 *NumPy* 和 *SciPy*;然后安装 PyTorch 作为附加包。虽然可以安装 Python 和单独运行 PyTorch 所需的包,但最好是安装 Python 分发。强烈建议使用 Python 的 Anaconda 分发,它包含运行 PyTorch 所需的所有程序包,以及许多其他有用的程序包。在本节中,解决了在 Windows 10 计算机上的安装问题。在 macOS 和 Linux 系统上的安装类似。

可以使用随 Anaconda 分发一起获得的 Python pip 实用程序来安装 PyTorch。打开 Windows 命令 shell 并导航到保存 PyTorch .whl 文件的目录。然后键入以下命令:

```
C:\PyTorch> pip install torch-0.4.1-cp36-cp36m-win_amd64.whl
```

若要验证已成功安装的 Python 和 PyTorch,请打开命令 shell 并输入"python"以启动 Python 解释器。将看到">>>"Python 提示。然后输入以下命令(注意版本命令中有两个连续的下画线字符):

```
C:\>python
>>> import torch as T
>>> T.__version__
'0.4.1'
>>> exit()
C:\>
```

如果看到此处显示响应,则表示可以开始使用 PyTorch 编写神经网络机器学习代码了。

4.11.2 准备鸢尾花数据集

可在项目文件中找到原始的鸢尾花数据集。数据如下所示:

```
5.1, 3.5, 1.4, 0.2, Iris-setosa
4.9, 3.0, 1.4, 0.2, Iris-setosa
...
7.0, 3.2, 4.7, 1.4, Iris-versicolor
```

```
6.4, 3.2, 4.5, 1.5, Iris-versicolor
...
6.2, 3.4, 5.4, 2.3, Iris-virginica
5.9, 3.0, 5.1, 1.8, Iris-virginica
```

每行的前四个值是花的萼片长度、萼片宽度、花瓣长度和花瓣宽度。第五项是要预测的种类。原始数据有 50 个 setosa, 接下来是 50 个 versicolor, 最后是 50 个 virginica。定型文件是每个种类(120 项)的前 40 项, 测试文件是每个种类(30 项)的最后 10 项。由于有四个预测因子变量, 因此绘制数据集不可行。不过, 可以通过查看图 4.29 大致了解数据结构。神经网络只能理解数字, 因此必须对种类进行编码。对于大多数神经网络库, 将 setosa 替换为 $(1, 0, 0)$, 将 versicolor 替换为 $(0, 1, 0)$, 将 virginica 替换为 $(0, 0, 1)$。这称为一位有效编码或独热编码。但是, PyTorch 在后台执行独热编码, 并将三个类设为 0、1 或 2。因此, PyTorch 的编码数据如下所示:

```
5.1, 3.5, 1.4, 0.2, 0
4.9, 3.0, 1.4, 0.2, 0
...
7.0, 3.2, 4.7, 1.4, 1
6.4, 3.2, 4.5, 1.5, 1
...
6.2, 3.4, 5.4, 2.3, 2
5.9, 3.0, 5.1, 1.8, 2
```

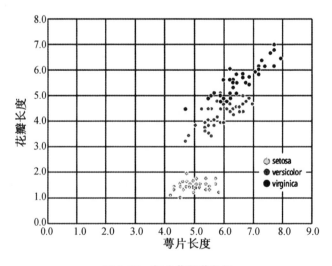

图 4.29　部分鸢尾花数据

在大多数情况下, 应对预测因子变量进行规范化, 通常通过缩放使所有值都介于 0.0 和 1.0 之间, 使用所谓的最小-最大规范化。为了让演示更简单一点, 没有对鸢尾花数据进行规范化。使用神经网络时, 通常会为问题创建一个根文件夹, 例如 Iris, 然后创建一个名为"Data"的子目录来保存数据文件。

4.11.3 演示程序

```
# iris_nn.py
# PyTorch 0.4.1 Anaconda3 5.2.0(Python 3.6.5)
import numpy as np
import torch as T
# ---------------------------------------------------------
class Batch:
  def __init__(self, num_items, bat_size, seed=0):
    self.num_items = num_items; self.bat_size = bat_size
    self.rnd = np.random.RandomState(seed)
  def next_batch(self):
    return self.rnd.choice(self.num_items, self.bat_size,
      replace=False)
# ---------------------------------------------------------
class Net(T.nn.Module):
  def __init__(self):
    super(Net, self).__init__()
    self.fc1 = T.nn.Linear(4, 7)
    T.nn.init.xavier_uniform_(self.fc1.weight)  # glorot
    T.nn.init.zeros_(self.fc1.bias)
    self.fc2 = T.nn.Linear(7, 3)
    T.nn.init.xavier_uniform_(self.fc2.weight)
    T.nn.init.zeros_(self.fc2.bias)
  def forward(self, x):
    z = T.tanh(self.fc1(x))
    z = self.fc2(z)  # see CrossEntropyLoss() below
    return z
# ---------------------------------------------------------
def accuracy(model, data_x, data_y):
  X = T.Tensor(data_x)
  Y = T.LongTensor(data_y)
  oupt = model(X)
  (_, arg_maxs) = T.max(oupt.data, dim=1)
```

```python
    num_correct = T.sum(Y = = arg_maxs)
    acc =(num_correct * 100.0 /len(data_y))
    return acc.item()
# -----------------------------------------------------

def main():
    # 0. get started
    print("\nBegin Iris Dataset with PyTorch demo \n")
    T.manual_seed(1); np.random.seed(1)
    # 1. load data
    print("Loading Iris data into memory \n")
    train_file = ".\\Data\\iris_train.txt"
    test_file = ".\\Data\\iris_test.txt"
    train_x = np.loadtxt(train_file, usecols = range(0,4),
        delimiter = ",", skiprows = 0, dtype = np.float32)
    train_y = np.loadtxt(train_file, usecols =[4],
        delimiter = ",", skiprows = 0, dtype = np.float32)
    test_x = np.loadtxt(test_file, usecols = range(0,4),
        delimiter = ",", skiprows = 0, dtype = np.float32)
    test_y = np.loadtxt(test_file, usecols =[4],
        delimiter = ",", skiprows = 0, dtype = np.float32)
    # 2. define model
    net = Net()
# -----------------------------------------------------

    # 3. train model
    net = net.train()  # set training mode
    lrn_rate = 0.01; b_size = 12
    max_i = 600; n_items = len(train_x)
    loss_func = T.nn.CrossEntropyLoss()  # applies softmax()
    optimizer = T.optim.SGD(net.parameters(), lr = lrn_rate)
    batcher = Batch(num_items = n_items, bat_size = b_size)
    print("Starting training")
    for i in range(0, max_i):
        if i > 0 and i % (max_i/10) = = 0:
            print("iteration = % 4d" % i, end = "")
            print(" loss = % 7.4f" % loss_obj.item(), end = "")
            acc = accuracy(net, train_x, train_y)
            print(" accuracy = % 0.2f%% " % acc)
```

```
        curr_bat = batcher.next_batch()
        X = T.Tensor(train_x[curr_bat])
        Y = T.LongTensor(train_y[curr_bat])
        optimizer.zero_grad()
        oupt = net(X)
        loss_obj = loss_func(oupt, Y)
        loss_obj.backward()
        optimizer.step()
    print("Training complete \n")
    # 4. evaluate model
    net = net.eval()  # set eval mode
    acc = accuracy(net, test_x, test_y)
    print("Accuracy on test data = %0.2f%% " % acc)
    # 5. save model
    # TODO
# ---------------------------------------------------
    # 6. make a prediction
    unk = np.array([[6.1, 3.1, 5.1, 1.1]], dtype=np.float32)
    unk = T.tensor(unk)  # to Tensor
    logits = net(unk)  # values do not sum to 1.0
    probs_t = T.softmax(logits, dim=1)  # as Tensor
    probs = probs_t.detach().numpy()    # to numpy array
    print("\nSetting inputs to:")
    for x in unk[0]: print("%0.1f " % x, end="")
    print("\nPredicted:(setosa, versicolor, virginica)")
    for p in probs[0]: print("%0.4f " % p, end="")
    print("\n\nEnd Iris demo")
if __name__ == "__main__":
    main()
```

运行结果：

```
Begin Iris Dataset with PyTorch demo

Loading Iris data into memory

Starting training
iteration =   60  loss =  1.1109  accuracy = 47.50%
```

```
iteration =  120  loss = 1.0853  accuracy = 48.33%
iteration =  180  loss = 0.9882  accuracy = 52.50%
iteration =  240  loss = 0.8478  accuracy = 51.67%
iteration =  300  loss = 0.8693  accuracy = 72.50%
iteration =  360  loss = 0.8380  accuracy = 77.50%
iteration =  420  loss = 0.5770  accuracy = 74.17%
iteration =  480  loss = 0.9519  accuracy = 52.50%
iteration =  540  loss = 1.0624  accuracy = 52.50%
Training complete

Accuracy on test data = 63.33%

Setting inputs to:
6.1 3.1 5.1 1.1
Predicted: (setosa, versicolor, virginica)
0.6793 0.2186 0.1021

End Iris demo
```

PyTorch 程序的结构与其他库的结构略有不同。在演示中,程序定义的类 Batch 提供指定数量的定型项以进行定型。类 Net 定义一个 4 – 7 – 3 神经网络。函数准确度使用指定的模型/网络计算数据的分类准确度(正确预测的百分比)。所有控制逻辑都包含在一个主函数中。

由于 PyTorch 和 Python 的开发速度非常快,因此应该包含一个注释,指出正在使用的版本。许多不熟悉 Python 的程序员都惊讶地发现基础 Python 不支持数组。PyTorch 会使用 NumPy 数组,因此几乎总是会导入 NumPy 包。

4.11.4 定义神经网络

神经网络的定义开头如下:

```
class Net(T.nn.Module):
  def __init__(self):
    super(Net, self).__init__()
    self.fc1 = T.nn.Linear(4, 7)
    T.nn.init.xavier_uniform_(self.fc1.weight)
    T.nn.init.zeros_(self.fc1.bias)
...
```

第一行代码指示该类继承自 T. nn. Module 类,该类包含用于创建神经网络的函数。可以将 __init__ 函数视为类构造函数。对象 fc1("完全连接的第 1 层")是网络隐藏层,它需要四个输入值(预测因子值)并具有七个处理节点。隐藏节点数量是超参数,必须通过反复试验来确定。使用 Xavier 均匀分布算法初始化隐藏层权重,该算法在大多数其他库中称为 Glorot 均匀分布。将隐藏层偏差全部初始化为零。

通过以下方式定义网络输出层:

```
self.fc2 = T.nn.Linear(7, 3)
T.nn.init.xavier_uniform_(self.fc2.weight)
T.nn.init.zeros_(self.fc2.bias)
```

输出层应有七个输入（来自隐藏层）并产生三个输出值，每个值对应一个可能的种类。请注意，此时隐藏层和输出层并没有以逻辑方式进行连接。连接由所需的 forward 函数建立：

```
def forward(self, x):
    z = T.tanh(self.fc1(x))
    z = self.fc2(z)  # no softmax!
    return z
```

该函数接收 x，它是输入预测因子值。将这些值传递给隐藏层，然后将结果传递给 tanh 激活函数。将该结果传递给输出层，并返回最终结果。与许多神经网络库不同，使用 PyTorch 不会将 softmax 激活应用于输出层，因为 softmax 将由定型损失函数自动应用。如果确实要将 softmax 应用于输出层，网络仍将可以工作，但是定型速度会变慢，因为要应用 softmax 两次。

4.11.5 将数据加载到内存

使用 PyTorch 时，将数据加载到 NumPy 数组的内存中，然后将数组转换为 PyTorch Tensor 对象。可以简单地将 Tensor 想象成一个可以由 GPU 处理器处理的复杂数组。

有几种方法可以将数据加载到 NumPy 数组中。最常见的技术是使用 Python Pandas（最初称为"面板数据"，现在称为"Python 数据分析"）包。但是，Pandas 的学习曲线有点陡峭，因此，为简单起见，演示程序使用 NumPy loadtxt 函数。定型数据加载如下所示：

```
train_file = ".\\Data\\iris_train.txt"
train_x = np.loadtxt(train_file, usecols=range(0,4),
    delimiter=",", skiprows=0, dtype=np.float32)
train_y = np.loadtxt(train_file, usecols=[4],
    delimiter=",", skiprows=0, dtype=np.float32)
```

PyTorch 期望预测因子值位于数组的数组样式矩阵中，并且要预测的类值位于数组中。执行这些语句后，矩阵 train_x 将有 120 行和 4 列，train_y 将成为具有 120 个值的数组。大多数神经网络库（包括 PyTorch）使用 float32 数据作为默认数据类型，因为使用 64 位变量获得的精度不值得所产生的性能损失。

4.11.6 对神经网络进行定型

该演示创建神经网络，然后使用以下语句来准备定型：

```
net = Net()
net = net.train()  # set training mode
lrn_rate = 0.01; b_size = 12
max_i = 600; n_items = len(train_x)
loss_func = T.nn.CrossEntropyLoss()  # applies softmax()
```

```
optimizer = T.optim.SGD(net.parameters(), lr=lrn_rate)
batcher = Batch(num_items=n_items, bat_size=b_size)
```

演示不需要将网络设置为定型模式,因为定型不使用丢弃或批处理规范化,这些规范化针对具有定型和评估的不同执行流。学习率(0.01)、比大小(12)和最大定型迭代(600)是超参数。该演示使用迭代而不是时期,因为一个时期通常是指每次处理所有定型项。在这里,一次迭代意味着仅处理 12 个定型项。

CrossEntropyLoss 函数用于测量多类分类问题的错误,其中有三个或多个要预测的类。常见的错误是尝试将其用于二进制分类。该演示使用随机梯度下降,这是定型优化的最基本形式。对于实际问题,PyTorch 支持复杂的算法,包括自适应矩估计(Adam)、自适应梯度(Adagrad)和弹性均方传播(RMSprop)。

程序定义的 Batch 类实现了最简单的批处理机制。在每次调用其 next_batch 函数时,都会返回 120 个可能的定型数据索引中的 12 个随机选择的索引。此方法不保证所有定型项的使用次数相同。在非演示场景中,可能希望实现更复杂的批处理程序,该批处理程序随机选择不同的索引,直到所有索引都被选中一次,然后对自己进行重置。

定型执行正好 600 次。每 600/10 = 60 次迭代,演示显示进度信息:

```
for i in range(0, max_i):
    if i > 0 and i % (max_i/10) == 0:

        print("iteration = %4d" % i, end="")
        print("  loss = %7.4f" % loss_obj.item(), end="")
        acc = accuracy(net, train_x, train_y)
        print("  accuracy = %0.2f%%" % acc)
```

可以通过对象的项目函数访问当前批次的 12 个定型项的平均交叉熵损失/误差值。一般来说,交叉熵损失在定型期间难以解释,但应该监视它,以确保它逐渐减少,减少即表明定型正在发挥作用。

在撰写本节时,有点异乎寻常的是 PyTorch 没有内置函数来确保分类准确度。程序定义的准确度函数使用当前权重和偏差值来计算模型的分类准确度。比起损失或错误,准确度更容易解释,但它是一个更粗略的指标。

在定型循环中,从 120 项数据集中选择一批项目并将其转换为 Tensor 对象:

```
curr_bat = batcher.next_batch()
X = T.Tensor(train_x[curr_bat])
Y = T.LongTensor(train_y[curr_bat])
```

回想一下,curr_bat 是一个定型数据中包含 12 个索引的数组,因此 train_x[curr_bat] 有 12 行和 4 个列。通过将矩阵传递给 Tensor 函数,将该矩阵转换为 PyTorch Tensor 对象。对于分类问题,必须将编码的类标签值转换为 LongTensor 对象而不是 Tensor 对象。

实际定型由以下五个语句执行:

```
optimizer.zero_grad()
oupt = net(X)
loss_obj = loss_func(oupt, Y)
loss_obj.backward()
optimizer.step()
```

基本上可以将这些语句视为使用反向传播执行定型的神奇 PyTorch 咒语。必须先将前一次迭代的权重和偏置梯度值清零。对 net 函数的调用将当前批次的 12 个 Tensor 对象传递给网络,并使用 forward 函数计算 12 个输出值。对 backward 和 step 的调用会计算梯度值并使用它们来更新权重和偏置梯度。

4.11.7 评估和使用模型

定型完成后,演示会计算测试数据的模型准确性:

```
net = net.eval()    # set eval mode
acc = accuracy(net, test_x, test_y)
print("Accuracy on test data = %0.2f%% " % acc)
```

和以前一样,在这个例子中,没有必要将模型设置为评估模式,但是设置为显式没有坏处。演示程序不保存经过定型的模型,但在非演示场景中,可能希望进行保存。PyTorch 以及大多数其他神经网络库(TensorFlow 除外)均支持开放神经网络交换(ONNX)格式。

该演示使用经过定型的模型来预测新的、以前没见过的鸢尾花的种类:

```
unk = np.array([[6.1, 3.1, 5.1, 1.1]], dtype=np.float32)
unk = T.tensor(unk)    # to Tensor
logits = net(unk)    # values do not sum to 1.0
probs_t = T.softmax(logits, dim=1)    # as Tensor
probs = probs_t.detach().numpy()    # to numpy array
```

对 net 函数的调用返回三个值,这些值的总和不一定为 1.0,例如(3、2、4.5、0.3),因此演示应用 softmax 来强制输出值,使得它们总和为 1.0 并且可以笼统地称之为概率。这些值是 Tensor 对象,因此将其转换为 NumPy 数组,以便可以更轻松地显示它们。

4.11.8 运行演示程序

将演示程序和数据集文件 iris_train.txt、iris_test.txt 放入同一文件夹,如图 4.30 所示。完整的 iris 数据集一共有 150 项,在此分割为两部分,其中 120 项作为训练数据(iris_train.txt),剩余 30 项作为测试数据(iris_test.txt)。

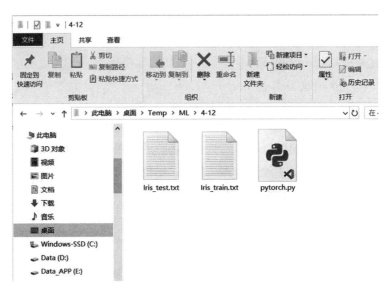

图 4.30　测试数据文件包

从 vscode 打开该文件夹并运行,从得到结果可以看到,训练后识别的准确率为 63.3%,如图 4.31 所示。

```
PS C:\Users\CuiJinghui\Desktop\Temp\ML\4-12> & C:/Users/CuiJinghui/AppData/Local/Programs/Python/Python39/python.exe c:/Users/CuiJinghui/Desktop/Temp/ML
/4-12/pytorch.py
Begin Iris Dataset with PyTorch demo

Loading Iris data into memory

Starting training
iteration =   60  loss = 1.1109  accuracy = 47.50%
iteration =  120  loss = 1.0853  accuracy = 48.33%
iteration =  180  loss = 0.9882  accuracy = 52.50%
iteration =  240  loss = 0.8478  accuracy = 51.67%
iteration =  300  loss = 0.8693  accuracy = 72.50%
iteration =  360  loss = 0.8380  accuracy = 77.50%
iteration =  420  loss = 0.5770  accuracy = 74.17%
iteration =  480  loss = 0.9519  accuracy = 52.50%
iteration =  540  loss = 1.0624  accuracy = 52.50%
Training complete

Accuracy on test data = 63.33%

Setting inputs to:
6.1 3.1 5.1 1.1
Predicted: (setosa, versicolor, virginica)
0.6793 0.2186 0.1021

End Iris demo
PS C:\Users\CuiJinghui\Desktop\Temp\ML\4-12>
```

图 4.31　训练后识别准确率

4.12　保存和加载模型

本次授课的目的和要求:

- 学会使用 Pytorch 保存与加载训练的模型

本次授课的重点、难点及解决措施：

- 难点：模型的保存与加载
- 难点：专业词汇的深入掌握，动手实验
- 解决措施：查阅课外资料，加深了解，动手实验，提高学习效率

本次授课采用的教学方式、方法：

讲授、实验

本次授课采用的教具、挂图及工具：

Python 3.6＋、Vs Code、Pytorch

课后作业内容与预估计完成时间：

- 预计完成时间：30 分钟
- 查找相关资料
- 复现实验环境与结果
- 预习下一节内容

思考一分钟：

你在实验过程中遇到了哪些问题？你是如何解决的？

本次课的小结与改进措施：

本节提供了关于保存和加载 PyTorch 模型的各种用例的解决方案。

torch.save：将序列化对象保存到磁盘。该函数使用 Python 的 pickle 程序进行序列化，使用此功能可以保存各种对象的模型、张量和字典。

torch.load：使用 pickle 工具将目标文件反序列化到内存中，该功能还便于设备将数据加载到其中。

torch.nn.Module.load_state_dict：使用反序列化的 state_dict 加载模型的参数字典。

4.12.1　什么是 state_dict

在 PyTorch 中，torch.nn.Module 模型的可学习参数（即权重和偏差）包含在模型的参数中。state_dict 是 Python 字典对象，保存了每一层映射的参数张量。请注意，只有具有

可学习参数的层(如卷积层、线性层等)的模型才具有 state_dict 这一项。优化器对象(torch.optim)也有 state_dict 属性,它包含关于优化器状态的信息,以及所使用的超参数。

因为 state_dict 的对象是 Python 字典,所以它们可以很容易地保存、更新、更改和恢复,为 PyTorch 模型和优化器增加了大量模块。

示例:

查看 Training a classifier 教程中的模型的 state_dict。

```
import torch.nn as nn
import torch.nn.functional as F
import torch.optim as optim

# Define model
class TheModelClass(nn.Module):
    def __init__(self):
        super(TheModelClass, self).__init__()
        self.conv1 = nn.Conv2d(3, 6, 5)
        self.pool = nn.MaxPool2d(2, 2)
        self.conv2 = nn.Conv2d(6, 16, 5)
        self.fc1 = nn.Linear(16 * 5 * 5, 120)
        self.fc2 = nn.Linear(120, 84)
        self.fc3 = nn.Linear(84, 10)
    def forward(self, x):
        x = self.pool(F.relu(self.conv1(x)))
        x = self.pool(F.relu(self.conv2(x)))
        x = x.view(-1, 16 * 5 * 5)
        x = F.relu(self.fc1(x))
        x = F.relu(self.fc2(x))
        x = self.fc3(x)
        return x

# Initialize model
model = TheModelClass()

# Initialize optimizer
optimizer = optim.SGD(model.parameters(), lr=0.001, momentum=0.9)

# Print model's state_dict
print("Model's state_dict:")
```

```
for param_tensor in model.state_dict():
    print(param_tensor, "\t", model.state_dict()[param_tensor].size())

# Print optimizer's state_dict
print("Optimizer's state_dict:")
for var_name in optimizer.state_dict():
    print(var_name, "\t", optimizer.state_dict()[var_name])
```

输出如下:

```
Model's state_dict:
    conv1.weight    torch.Size([6, 3, 5, 5])
    conv1.bias      torch.Size([6])
    conv2.weight    torch.Size([16, 6, 5, 5])
    conv2.bias      torch.Size([16])
    fc1.weight      torch.Size([120, 400])
    fc1.bias        torch.Size([120])
    fc2.weight      torch.Size([84, 120])
    fc2.bias        torch.Size([84])
    fc3.weight      torch.Size([10, 84])
    fc3.bias        torch.Size([10])
    Optimizer's state_dict:
    state       {}
    param_groups    [{'lr': 0.001, 'momentum': 0.9, 'dampening': 0, 'weight_decay': 0, 'nesterov': False, 'params': [139742797940768, 139742797940688, 139742797940848, 139742797940928, 139742797941008, 139742797941088, 139742797941168, 139742797941248, 139742797941328, 139742797941408]}]
```

运行结果如下:

```
Model's state_dict:
conv1.weight    torch.Size([6, 3, 5, 5])
conv1.bias      torch.Size([6])
conv2.weight    torch.Size([16, 6, 5, 5])
conv2.bias      torch.Size([16])
fc1.weight      torch.Size([120, 400])
fc1.bias        torch.Size([120])
fc2.weight      torch.Size([84, 120])
fc2.bias        torch.Size([84])
fc3.weight      torch.Size([10, 84])
fc3.bias        torch.Size([10])
Optimizer's state_dict:
state       {}
param_groups    [{'lr': 0.001, 'momentum': 0.9, 'dampening': 0, 'weight_decay': 0, 'nesterov': False, 'maximize': False, 'params': [0, 1, 2, 3, 4, 5, 6, 7, 8, 9]}]
```

在运行结果中可以看到保存的模型中键值。

4.12.2 保存和加载推理模型

1. 保存和加载 state_dict(推荐)

保存操作:

```
torch.save(model.state_dict(),PATH)
```

在文件中调用保存操作:

```
model = TheModelClass()
PATH = "./save.data"
torch.save(model.state_dict(), PATH)
```

执行后可以发现程序./Data 目录下出现了名为 save.data 的文件,保存成功,如图 4.32 所示。

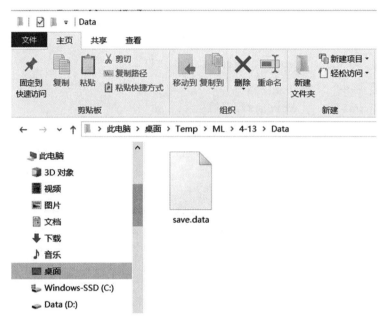

图 4.32 运行生成文件

加载操作:

```
model = TheModelClass(*args, **kwargs)
model.load_state_dict(torch.load(PATH))
model.eval()
```

在程序中调用加载操作并输出加载的 state_dict

```
PATH = "./Data/save.data"
model = TheModelClass()
model.load_state_dict(torch.load(PATH))
model.eval()
for param_tensor in model.state_dict():
    print(param_tensor, "\n")
```

运行结果如下:

conv1.weight

conv1.bias

conv2.weight

conv2.bias

fc1.weight

fc1.bias

fc2.weight

fc2.bias

fc3.weight

fc3.bias

保存模型进行推理时,只需保存训练好的模型的学习参数。用 torch.save( ) 函数保存模型的 state_dict 将为以后恢复模型提供最大的灵活性,这就是为什么它是保存模型的推荐方法。一个常见的 PyTorch 约定是使用后缀名为.pt 或.pth 的文件。请记住,在运行推理之前,必须调用 model.eval( ),将 dropout 层和 batch normalization 层设置为评估模式。不这样做将产生不一致的推理结果。

注意:load_state_dict( )函数接受字典对象,而不是保存对象的路径。这意味着在将保存的 state_dict 传递给 load_state_dict( )函数之前,必须对其进行反序列化。例如,不能使用 model.load_state_dict(PATH) 进行加载。

2. 保存和加载整个模型

保存操作:

```
torch.save(model, PATH)
```

创建模型并保存:

```
model = TheModelClass()
PATH = "./Data/torch_save.data"
torch.save(model, PATH)
```

运行后可以在./Data 目录下保存的数据文件如图 4.33 所示。

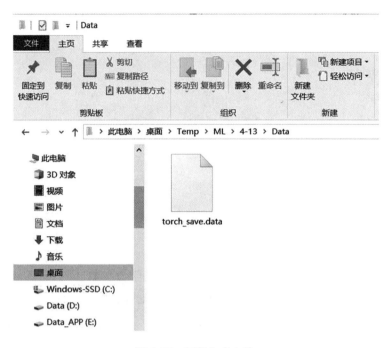

图 4.33 运行生成文件

加载操作:

```
# Model class must be defined somewhere
model = torch.load(PATH)
model.eval()
```

在文件中调用加载操作并输出模型:

```
model = TheModelClass()
PATH = "./Data/torch_save.data"
model = torch.load(PATH)
model.eval()
for param_tensor in model.modules():  #输出读出的模型
    print(param_tensor, "\n")
```

运行结果如下:

```
TheModelClass(
  (conv1): Conv2d(3, 6, kernel_size=(5, 5), stride=(1, 1))
  (pool): MaxPool2d(kernel_size=2, stride=2, padding=0, dilation=1, ceil_mode=False)
  (conv2): Conv2d(6, 16, kernel_size=(5, 5), stride=(1, 1))
  (fc1): Linear(in_features=400, out_features=120, bias=True)
  (fc2): Linear(in_features=120, out_features=84, bias=True)
  (fc3): Linear(in_features=84, out_features=10, bias=True)
)
```

```
Conv2d(3, 6, kernel_size=(5, 5), stride=(1, 1))
MaxPool2d(kernel_size=2, stride=2, padding=0, dilation=1, ceil_mode=False)
Conv2d(6, 16, kernel_size=(5, 5), stride=(1, 1))
Linear(in_features=400, out_features=120, bias=True)
Linear(in_features=120, out_features=84, bias=True)
Linear(in_features=84, out_features=10, bias=True)
```

这个保存和加载过程使用最直观的语法，涉及的代码量最少。以这种方式保存模型将使用 Python 的 pickle 模块保存整个模块。这种方法的缺点是序列化数据绑定到特定的类和保存模型时使用的确切目录结构。这是因为 pickle 不能保存模型类本身。相反，它保存了包含类的文件的路径，该路径在加载时使用。因此，当在其他项目中使用或重构后，代码可能会以各种方式中断。

注意：常用的文件以 .pt 或 .pth 格式保存；如果调用了 dropout 层或者 batch normalization 层，需要调用 model.eval() 切换成评估模式。

4.12.3 保存和加载用于推理或恢复训练的常规检查点

保存操作：

```
torch.save({
            'epoch': epoch,
            'model_state_dict': model.state_dict(),
            'optimizer_state_dict': optimizer.state_dict(),
            'loss': loss,
            ...
            }, PATH)
```

在文件中调用保存操作，这里仅演示保存状态字典的操作，类似地可以添加新的键值对来保存其他中间数据。

```
model = TheModelClass()
optimizer = optim.SGD(model.parameters(), lr=0.001, momentum=0.9)
PATH = "./Data/torch_cp_save.data"
torch.save({
        'model_state_dict': model.state_dict(),
        'optimizer_state_dict': optimizer.state_dict()
        }, PATH)
```

保存的数据如图 4.34 所示。

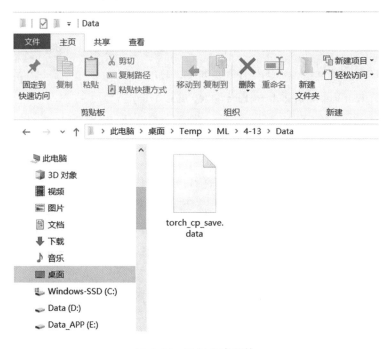

图 4.34 运行生成文件

加载操作:

```
model = TheModelClass(*args, **kwargs)
optimizer = TheOptimizerClass(*args, **kwargs)

checkpoint = torch.load(PATH)
model.load_state_dict(checkpoint['model_state_dict'])
optimizer.load_state_dict(checkpoint['optimizer_state_dict'])
epoch = checkpoint['epoch']
loss = checkpoint['loss']

model.eval()
# - or -
model.train()
```

加载检查点及状态恢复,并输出加载的状态字典。

```
model = TheModelClass()
optimizer = optim.SGD(model.parameters(), lr=0.001, momentum=0.9)
PATH = "./Data/torch_cp_save.data"
checkpoint = torch.load(PATH)
model.load_state_dict(checkpoint['model_state_dict'])
```

```
optimizer.load_state_dict(checkpoint['optimizer_state_dict'])
model.eval()
# 打印Model状态字典
print("Model's state_dict:")
for param_tensor in model.state_dict():
    print(param_tensor, "\t", model.state_dict()[param_tensor].size())
# 打印optimizer状态字典
print("Optimizer's state_dict:")
for var_name in optimizer.state_dict():
    print(var_name, "\t", optimizer.state_dict()[var_name])
```

运行结果如下:

```
Model's state_dict:
conv1.weight     torch.Size([6, 3, 5, 5])
conv1.bias       torch.Size([6])
conv2.weight     torch.Size([16, 6, 5, 5])
conv2.bias       torch.Size([16])
fc1.weight       torch.Size([120, 400])
fc1.bias         torch.Size([120])
fc2.weight       torch.Size([84, 120])
fc2.bias         torch.Size([84])
fc3.weight       torch.Size([10, 84])
fc3.bias         torch.Size([10])
Optimizer's state_dict:
state    {}
param_groups     [{'lr': 0.001, 'momentum': 0.9, 'dampening': 0, 'weight_decay': 0, 'nesterov': False, 'maximize': False, 'params':
[0, 1, 2, 3, 4, 5, 6, 7, 8, 9]}]
```

当保存用于推理或恢复训练的常规检查点时,必须保存的不仅仅是模型的state_dict,还包括保存优化器的state_dict,因为它包含随着模型训练而更新的缓冲区和参数。可能想要保存的其他项目包括中断的时期、最新记录的训练损失、外部的torch.nn.Embedding层等。要保存多个组件,请在字典中组织它们,并使用torch.save()序列化字典。一个常见的PyTorch约定是使用.tar文件扩展名。

要加载项目,首先初始化模型和优化器,然后使用torch.load()在本地加载字典。从这里,可以像预期的那样通过简单地查询字典来轻松地访问保存的项目。

注意:如果要用于推理,需要调用model.eval()函数设置模型为评估模式;如果要用于恢复训练,需要调用model.train()以确保模型处于训练模式。

4.12.4 在一个文件中保存多个模型

保存操作:

```
torch.save({
            'modelA_state_dict': modelA.state_dict(),
            'modelB_state_dict': modelB.state_dict(),
            'optimizerA_state_dict': optimizerA.state_dict(),
            'optimizerB_state_dict': optimizerB.state_dict(),
            ...
            }, PATH)
```

定义两种模型ModelAClass、ModelBClass

```
class TheModelAClass(nn.Module):
    def __init__(self):
        super(TheModelAClass, self).__init__()
        self.conv1 = nn.Conv2d(3, 6, 5)
        self.pool = nn.MaxPool2d(2, 2)
        self.conv2 = nn.Conv2d(6, 16, 5)
        self.fc1 = nn.Linear(16 * 5 * 5, 120)
        self.fc2 = nn.Linear(120, 84)
        self.fc3 = nn.Linear(84, 10)
        self.Type = 'A'
class TheModelBClass(nn.Module):
    def __init__(self):
        super(TheModelBClass, self).__init__()
        self.conv1 = nn.Conv2d(3, 6, 5)
        self.pool = nn.MaxPool2d(2, 2)
        self.conv2 = nn.Conv2d(6, 16, 5)
        self.fc1 = nn.Linear(16 * 5 * 5, 120)
        self.fc2 = nn.Linear(120, 84)
        self.fc3 = nn.Linear(84, 10)
        self.Type = 'B'
```

使用 torch.save 一次性保存多个模型。

```
modelA = TheModelAClass()
modelB = TheModelBClass()
PATH = "./Data/torch_multi_save.data"
torch.save({
    'modelA_state_dict': modelA.state_dict(),
    'modelB_state_dict': modelB.state_dict()
    }, PATH)
```

运行后在./Data 目录下生成数据文件,如图 4.35 所示。

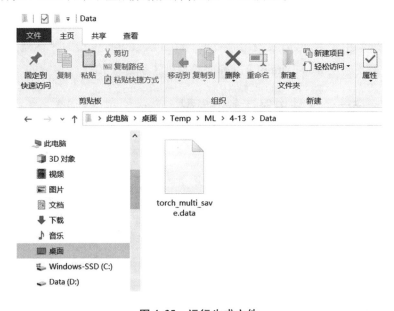

图 4.35 运行生成文件

加载操作:

```
modelA = TheModelAClass(*args, **kwargs)
modelB = TheModelBClass(*args, **kwargs)
optimizerA = TheOptimizerAClass(*args, **kwargs)
optimizerB = TheOptimizerBClass(*args, **kwargs)

checkpoint = torch.load(PATH)
modelA.load_state_dict(checkpoint['modelA_state_dict'])
modelB.load_state_dict(checkpoint['modelB_state_dict'])
optimizerA.load_state_dict(checkpoint['optimizerA_state_dict'])
optimizerB.load_state_dict(checkpoint['optimizerB_state_dict'])

modelA.eval()
modelB.eval()
# - or -
modelA.train()
modelB.train()
```

加载保存的模型并读取模型类型标记。

```
modelA = TheModelAClass()
modelB = TheModelBClass()
PATH = "./Data/torch_multi_save.data"
modelA = TheModelAClass()
modelB = TheModelBClass()
checkpoint = torch.load(PATH)
modelA.load_state_dict(checkpoint['modelA_state_dict'])
modelB.load_state_dict(checkpoint['modelB_state_dict'])
modelA.eval()
modelB.eval()
print("ModelA Type:",modelA.Type)
print("ModelB Type:",modelB.Type)
```

运行结果如下:

```
ModelA Type: A
ModelB Type: B
```

保存由多个torch.nn.Module组成的模型时,例如,GAN、序列到序列模型或模型集合,可以遵循与保存常规检查点时相同的方法。换句话说,保存每个模型的state_dict和相应的优化器。如前所述,可以通过简单地将其他任何有助于恢复训练的项目添加到字典中来保存它们。文件命名规范同样是使用.tar文件扩展。

要加载模型,首先初始化模型和优化器,然后使用torch.load()在本地加载字典。同样的,如果要用于推理,需要调用model.eval()函数设置模型为评估模式;如果要用于恢复训练,需要调用 model.train( )以确保模型处于训练模式。

4.12.5 使用不同模型的参数的热启动模型

保存操作:

torch.save(modelA.state_dict(), PATH)

调用保存,将 ModelA 保存到文件

```
modelA = TheModelAClass()
PATH = "./Data/torch_warm_boot_save.data"
torch.save(modelA.state_dict(), PATH)
```

得到文件 torch_warm_boot_save.data,如图 4.36 所示。

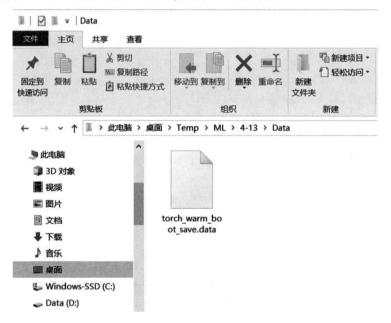

图 4.36 运行生成文件

加载操作:

```
modelB = TheModelBClass(*args, **kwargs)
    modelB.load_state_dict(torch.load(PATH), strict=False)
```

调用加载操作并打印

```
modelB = TheModelBClass()
PATH = "./Data/torch_warm_boot_save.data"
modelB.load_state_dict(torch.load(PATH), strict=False)
print(modelB.state_dict)
```

运行结果如下:

```
<bound method Module.state_dict of TheModelBClass(
  (conv1): Conv2d(3, 6, kernel_size=(5, 5), stride=(1, 1))
  (pool): MaxPool2d(kernel_size=2, stride=2, padding=0, dilation=1, ceil_mode=False)
  (conv2): Conv2d(6, 16, kernel_size=(5, 5), stride=(1, 1))
  (fc1): Linear(in_features=400, out_features=120, bias=True)
  (fc2): Linear(in_features=120, out_features=84, bias=True)
  (fc3): Linear(in_features=84, out_features=10, bias=True)
)>
```

当迁移学习或训练新的复杂模型时,部分加载模型或加载部分模型是常见的场景。利用经过训练的参数,即使只有少数参数可用,也将有助于启动训练过程,并有望帮助你的模型比从头开始的训练收敛得快得多。无论是从缺少某些键的部分状态字典加载,还是加载的状态字典的键比要加载的模型多,都可以在 load_state_dict() 函数中将 strict 参数设置为 False,以忽略不匹配的键。如果想将参数从一个层加载到另一个层,但有些键不匹配,只需在加载的 state_dict 中更改参数键的名称,以匹配待加载到的模型中的键即可。

4.12.6 跨设备保存和加载模型

1. 在 GPU 中保存,在 CPU 中加载

保存操作:

torch.save(model.state_dict(), PATH)

加载操作:

device = torch.device('cpu')

model = TheModelClass(*args, **kwargs)

model.load_state_dict(torch.load(PATH, map_location=device))

当在 CPU 中加载模型而在 GPU 中训练时,将 torch.device('cpu') 传入到 torch.load() 函数的参数 map_location 中。在这种情况下,张量下面的存储使用 map_location 参数动态地重新映射到 CPU 设备。

2. 在 GPU 中保存,在 GPU 中加载

保存操作:

torch.save(model.state_dict(), PATH)

加载操作:

device = torch.device("cuda")

model = TheModelClass(*args, **kwargs)

model.load_state_dict(torch.load(PATH))

model.to(device)

Make sure to call input = input.to(device) on any input tensors that you feed to the model

当模型在 GPU 中进行训练和保存,然后重新加载到 GPU 中时,只需将初始 model 使用函数 model.to(torch.device('cuda')) 转换成 CUDA 优化模型即可。注意,确保所有模型输入数据均调用了.to(torch.device('cuda'))。

注意,调用 my_tensor.to(device) 返回的是 my_tensor 在 GPU 上的副本,并不会重写 my_tensor。所以需要手动重写张量:my_tensor = my_tensor.to(torch.device('cuda'))。

3. 保存 torch.nn.DataParallel 模型

保存操作:

torch.save(model.module.state_dict(), PATH)

加载操作:

Load to whatever device you want

torch.nn.DataParallel 是一个模型包装器,支持并行 GPU 的使用。为了更通用地使用 DataParallel 模型,保存模型的 model.module.state_dict()。这样就可以灵活地将模型加载到任何想要的设备上。

4.12.7 实例

```
# -*- coding: utf-8 -*-
"""
@file: classifier.py
@author: zj
@description:
"""

import os
import time
import copy
import torch
import torch.nn as nn
import torch.optim as optim
from torch.utils.data import DataLoader
import torchvision.transforms as transforms
from torchvision.datasets import ImageFolder
import torchvision

import models.alexnet_spp as alexnet_spp
import utils.util as util

data_root_dir = '../data/train_val/'
model_dir = '../data/models/'
```

```python
def load_data(root_dir):
    transform = transforms.Compose([
        transforms.Resize((227, 227)),
        transforms.RandomHorizontalFlip(),
        transforms.ToTensor(),
        transforms.Normalize((0.5, 0.5, 0.5),(0.5, 0.5, 0.5))
    ])

    data_loaders = {}
    dataset_sizes = {}
    for phase in ['train', 'val']:
        phase_dir = os.path.join(root_dir, phase)

        data_set = ImageFolder(phase_dir, transform = transform)
        data_loader = DataLoader(data_set, batch_size = 128, shuffle = True, num_workers = 8)

        data_loaders[phase] = data_loader
        dataset_sizes[phase] = len(data_set)

    return data_loaders, dataset_sizes

def train_model(model, criterion, optimizer, scheduler, dataset_sizes, data_loaders, num_epochs = 25, device = None):
    since = time.time()

    best_model_wts = copy.deepcopy(model.state_dict())
    best_acc = 0.0

    loss_dict = {'train': [], 'val': []}
    acc_dict = {'train': [], 'val': []}
    for epoch in range(num_epochs):
        print('Epoch {}/{}'.format(epoch, num_epochs - 1))
        print('-' * 10)

        # Each epoch has a training and validation phase
```

```python
for phase in ['train', 'val']:
    if phase == 'train':
        model.train()  # Set model to training mode
    else:
        model.eval()   # Set model to evaluate mode
    running_loss = 0.0
    running_corrects = 0

    # Iterate over data.
    for inputs, labels in data_loaders[phase]:
        inputs = inputs.to(device)
        labels = labels.to(device)

        # zero the parameter gradients
        optimizer.zero_grad()

        # forward
        # track history if only in train
        with torch.set_grad_enabled(phase == 'train'):
            outputs = model(inputs)
            _, preds = torch.max(outputs, 1)
            loss = criterion(outputs, labels)

            # backward + optimize only if in training phase
            if phase == 'train':
                loss.backward()
                optimizer.step()

        # statistics
        running_loss += loss.item() * inputs.size(0)
        running_corrects += torch.sum(preds == labels.data)
    if phase == 'train':
        scheduler.step()

    dataset_size = dataset_sizes[phase]

    epoch_loss = running_loss / dataset_size
```

```python
            epoch_acc = running_corrects.double() / dataset_size
            loss_dict[phase].append(epoch_loss)
            acc_dict[phase].append(epoch_acc)

            print('{} Loss: {:.4f} Acc: {:.4f}'.format(phase, epoch_loss, epoch_acc))

            # deep copy the model
            if phase == 'val' and epoch_acc > best_acc:
                best_acc = epoch_acc
                best_model_wts = copy.deepcopy(model.state_dict())

        print()

    time_elapsed = time.time() - since
    print('Training complete in {:.0f}m {:.0f}s'.format(time_elapsed // 60, time_elapsed % 60))
    print('Best val Acc: {:4f}'.format(best_acc))

    # load best model weights
    model.load_state_dict(best_model_wts)
    return model, loss_dict, acc_dict


if __name__ == '__main__':
    data_loaders, data_sizes = load_data(data_root_dir)
    print(data_sizes)

    res_loss = dict()
    res_acc = dict()
    for name in ['alexnet_spp', 'spp_pretrained']:
        if name == 'alexnet_spp':
            model = alexnet_spp.AlexNet_SPP(num_classes=20)
            optimizer = optim.Adam(model.parameters(), lr=1e-3)
        else:
            model = alexnet_spp.alexnet_spp(num_classes=20)
            optimizer = optim.Adam(model.parameters(), lr=1e-4)
```

```
device = util.get_device()
model = model.to(device)

criterion = nn.CrossEntropyLoss()

lr_scheduler = optim.lr_scheduler.StepLR(optimizer, step_size=15, gamma=0.1)

best_model, loss_dict, acc_dict = train_model(model, criterion, optimizer, lr_scheduler, data_sizes, data_loaders, num_epochs=50, device=device)

    # 保存最好的模型参数
    util.check_dir(model_dir)
    torch.save(best_model.state_dict(), os.path.join(model_dir, '%s.pth' % name))

    res_loss[name] = loss_dict
    res_acc[name] = acc_dict

    print('train %s done' % name)
    print()

util.save_png('loss', res_loss)
util.save_png('acc', res_acc)
```

训练50轮结果如下：

```
{'train': 6301, 'val': 6307}
Epoch 0/49
----------
train Loss: 2.8387 Acc: 0.3247
val Loss: 2.4537 Acc: 0.3697
Epoch 49/49
----------
train Loss: 0.9877 Acc: 0.6896
val Loss: 1.6212 Acc: 0.5492

Training complete in 7m 37s
Best val Acc: 0.551134
```

```
train alexnet_spp done

Epoch 0/49
----------
train Loss: 1.8903 Acc: 0.4685
val Loss: 1.0425 Acc: 0.7011
。。。
。。。
Epoch 49/49
----------
train Loss: 0.0043 Acc: 0.9989
val Loss: 0.7032 Acc: 0.8603

Training complete in 7m 37s
Best val Acc: 0.865071
train spp_pretrained done
```

(1) 下载项目文件并解压,获得 SPP – net – master 文件夹。

(2) 在第一步中获得的项目文件解压缩,在 py 文件夹下新建 data 目录,如图 4.37 所示。

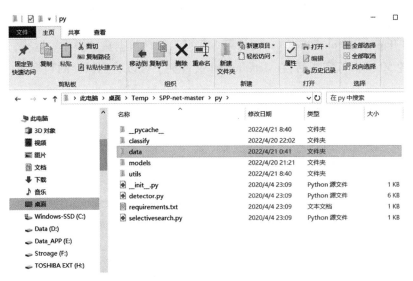

图 4.37　新建 data 目录文档

(3) 将第二步中获得的数据集解压到 data 文件夹内并在 data 文件夹内新建 train_val、models 文件夹,在 train_val 文件夹下新建 train_val 文件夹。下面是完成后的文件目录,如图 4.38 所示。

（4）在 vscode 中打开 SPP－net－master 文件夹，打开 py\utils\data 下的 create_voc_train_val.py 并执行，用来在数据集中提取训练集。下面是运行输出，完成后在 data/train 和 data/val 文件夹下可以看到提取的数据，如图 4.39 所示。

图 4.38　新建文件包　　　　图 4.39　运行输出后提取的数据

（5）打开 py 下的 classifier.py，文件第 149 行为保存数据集的操作。运行，开始训练，待两轮每轮 50 次训练完成后，在 data/model 文件夹下可以看到保存的数据集，如图 4.40 所示。

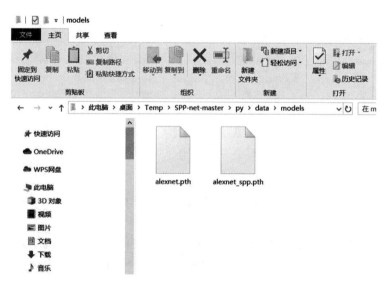

图 4.40　运行生成文件

(6)打开 py 下的 detector.py,在第 38 行可以看到加载模型的命令,运行结果如图 4.41 所示。

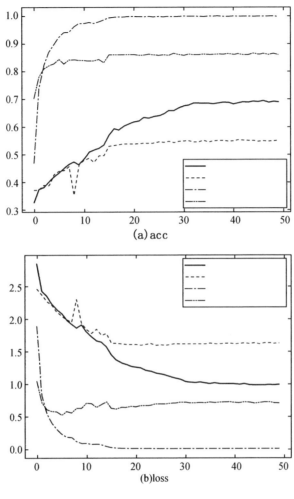

图 4.41 程序运行结果

AlexNet_SPP 使用预训练模型后,确实能够更快地进行收敛,并且能够得到更高的检测精度。

第 5 章　MNIST 识别及图像分类

5.1　MNIST 数据集手写数字识别

本次授课的目的和要求：
- PyTorch 与神经网络、手写数字识别

本次授课的重点、难点及解决措施：
- PyTorch 与神经网络、手写数字识别
- 难点：手写数字识别算法的理解与实现
- 解决措施：查阅课外资料，加深了解，动手实验，提高学习效率

本次授课采用的教学方式、方法：

讲授、实验

本次授课采用的教具、挂图及工具：

Python 3.6＋、Vs Code

课后作业内容与预估计完成时间：
- 预计完成时间：30 分钟
- 查找相关资料
- 复现实验环境与结果
- 预习下一节内容

思考一分钟：

本章使用到了什么数据集？手写数字识别是如何实现的？

本次课的小结与改进措施：

5.1.1 数据集介绍

MNIST 包括 6 万张 28×28 的训练样本,1 万张测试样本,很多教程都会对它"下手",几乎成为一个"典范",可以说它就是计算机视觉里面的 Hello World。所以本章也会使用 MNIST 来进行实战。

在介绍卷积神经网络的时候说到过 LeNet-5,LeNet-5 之所以强大就是因为在当时的环境下将 MNIST 数据的识别率提高到了 99%,本节从头搭建一个卷积神经网络,也达到 99% 的准确率。

5.1.2 手写数字识别

首先,定义一些超参数:

```
BATCH_SIZE = 512 #大概需要2G的显存
EPOCHS = 20 # 总共训练批次
DEVICE = torch.device("cuda" if torch.cuda.is_available() else "cpu")
# 让torch判断是否使用GPU,建议使用GPU环境,因为会快很多
```

因为 PyTorch 里面包含了 MNIST 的数据集,所以这里直接使用即可。如果第一次执行会生成 data 文件夹,将需要一些时间下载;如果以前下载过就不会再次下载了。

由于官方已经实现了 dataset,所以这里可以直接使用 DataLoader 来对数据进行读取。

```
train_loader = torch.utils.data.DataLoader(
    datasets.MNIST('data', train=True, download=True,
                transform=transforms.Compose([
                    transforms.ToTensor(),
                    transforms.Normalize((0.1307,),(0.3081,))
                ])),
    batch_size=BATCH_SIZE, shuffle=True)
```

```
Downloading http://yann.lecun.com/exdb/mnist/train-images-idx3-ubyte.gz
Downloading http://yann.lecun.com/exdb/mnist/train-labels-idx1-ubyte.gz
Downloading http://yann.lecun.com/exdb/mnist/t10k-images-idx3-ubyte.gz
Downloading http://yann.lecun.com/exdb/mnist/t10k-labels-idx1-ubyte.gz
Processing...
Done!
```

测试集如下:

```
test_loader = torch.utils.data.DataLoader(
    datasets.MNIST('data', train=False, transform=transforms.Compose([
                    transforms.ToTensor(),
                    transforms.Normalize((0.1307,),(0.3081,))
```

                    ])),
            batch_size = BATCH_SIZE, shuffle = True)

下面定义一个网络,网络包含两个卷积层,conv1 和 conv2,然后紧接着两个线性层作为输出,最后输出 10 个维度,这 10 个维度用 0~9 的标识来确定识别出的是哪个数字。

在这里建议大家将每一层的输入和输出维度都作为注释标注出来,这样后面阅读代码时会方便很多。

```
class ConvNet(nn.Module):
    def __init__(self):
        super().__init__()
        # batch*1*28*28(每次会送入 batch 个样本,输入通道数 1(黑白图像),图像分辨率是 28x28)
        # 下面的卷积层 Conv2d 的第一个参数指输入通道数,第二个参数指输出通道数,第三个参数指卷积核的大小
        self.conv1 = nn.Conv2d(1, 10, 5) # 输入通道数是 1,输出通道数是 10,核的大小是 5
        self.conv2 = nn.Conv2d(10, 20, 3) # 输入通道数是 10,输出通道数是 20,核的大小是 3
        # 下面的全连接层 Linear 的第一个参数指输入通道数,第二个参数指输出通道数
        self.fc1 = nn.Linear(20*10*10, 500) # 输入通道数是 2000,输出通道数是 500
        self.fc2 = nn.Linear(500, 10) # 输入通道数是 500,输出通道数是 10,即 10 分类
    def forward(self,x):
        in_size = x.size(0) # 在本例中 in_size=512,也就是 BATCH_SIZE 的值。输入的 x 可以看成是 512*1*28*28 的张量
        out = self.conv1(x) # batch*1*28*28 -> batch*10*24*24(28x28 的图像经过一次核为 5x5 的卷积,输出变为 24*24)
        out = F.relu(out) # batch*10*24*24(激活函数 ReLU 不改变形状))
        out = F.max_pool2d(out, 2, 2) # batch*10*24*24 -> batch*10*12*12(2*2 的池化层会减半)
        out = self.conv2(out) # batch*10*12*12 -> batch*20*10*10(再卷积一次,核的大小是 3)
        out = F.relu(out) # batch*20*10*10
        out = out.view(in_size, -1) # batch*20*10*10 -> batch*2000(out 的第二维是 -1,说明是自动推算,本例中第二维是 20*10*10)
        out = self.fc1(out) # batch*2000 -> batch*500
        out = F.relu(out) # batch*500
        out = self.fc2(out) # batch*500 -> batch*10
```

```
        out = F.log_softmax(out, dim=1) # 计算 log(softmax(x))
        return out
```

实例化一个网络,实例化后使用.to 方法将网络移动到 GPU。

优化器也直接选择简单好用的 Adam。

```
model = ConvNet().to(DEVICE)
    optimizer = optim.Adam(model.parameters())
```

下面定义一下训练的函数,将训练的所有操作都封装到这个函数中。

```
def train(model, device, train_loader, optimizer, epoch):
    model.train()
    for batch_idx,(data, target) in enumerate(train_loader):
        data, target = data.to(device), target.to(device)
        optimizer.zero_grad()
        output = model(data)
        loss = F.nll_loss(output, target)
        loss.backward()
        optimizer.step()
        if(batch_idx+1)%30==0:
            print('Train Epoch: {} [{}/{} ({:.0f}%)]\tLoss: {:.6f}'.format(
                epoch, batch_idx * len(data), len(train_loader.dataset),
                100. * batch_idx /len(train_loader), loss.item()))
```

测试的操作也一样封装成一个函数。

```
def test(model, device, test_loader):
    model.eval()
    test_loss = 0
    correct = 0
    with torch.no_grad():
        for data, target in test_loader:
            data, target = data.to(device), target.to(device)
            output = model(data)
            test_loss += F.nll_loss(output, target, reduction='sum').item()
            # 将一批的损失相加
            pred = output.max(1, keepdim=True)[1] # 找到概率最大的下标
            correct += pred.eq(target.view_as(pred)).sum().item()
    test_loss /= len(test_loader.dataset)
    print('\nTest set: Average loss: {:.4f}, Accuracy: {}/{} ({:.0f}%)\n'.format(
        test_loss, correct, len(test_loader.dataset),
        100. * correct /len(test_loader.dataset)))
```

下面开始训练,这里就体现出封装起来的好处了,只要写两行就可以了。

```
for epoch in range(1, EPOCHS +1):
    train(model, DEVICE, train_loader, optimizer, epoch)
    test(model, DEVICE, test_loader)
```

Train Epoch: 1 [14848/60000(25%)] Loss: 0.272529
Train Epoch: 1 [30208/60000(50%)] Loss: 0.235455
Train Epoch: 1 [45568/60000(75%)] Loss: 0.101858

Test set: Average loss: 0.1018, Accuracy: 9695/10000(97%)

Train Epoch: 2 [14848/60000(25%)] Loss: 0.057989
Train Epoch: 2 [30208/60000(50%)] Loss: 0.083935
Train Epoch: 2 [45568/60000(75%)] Loss: 0.051921

Test set: Average loss: 0.0523, Accuracy: 9825/10000(98%)

Train Epoch: 3 [14848/60000(25%)] Loss: 0.045383
Train Epoch: 3 [30208/60000(50%)] Loss: 0.049402
Train Epoch: 3 [45568/60000(75%)] Loss: 0.061366

Test set: Average loss: 0.0408, Accuracy: 9866/10000(99%)

Train Epoch: 4 [14848/60000(25%)] Loss: 0.035253
Train Epoch: 4 [30208/60000(50%)] Loss: 0.038444
Train Epoch: 4 [45568/60000(75%)] Loss: 0.036877

Test set: Average loss: 0.0433, Accuracy: 9859/10000(99%)

Train Epoch: 5 [14848/60000(25%)] Loss: 0.038996
Train Epoch: 5 [30208/60000(50%)] Loss: 0.020670
Train Epoch: 5 [45568/60000(75%)] Loss: 0.034658

Test set: Average loss: 0.0339, Accuracy: 9885/10000(99%)

Train Epoch: 6 [14848/60000(25%)] Loss: 0.067320
Train Epoch: 6 [30208/60000(50%)] Loss: 0.016328
Train Epoch: 6 [45568/60000(75%)] Loss: 0.017037

Test set: Average loss: 0.0348, Accuracy: 9881/10000(99%)

Train Epoch: 7 [14848/60000(25%)] Loss: 0.022150
Train Epoch: 7 [30208/60000(50%)] Loss: 0.009608
Train Epoch: 7 [45568/60000(75%)] Loss: 0.012742

Test set: Average loss: 0.0346, Accuracy: 9895/10000(99%)

Train Epoch: 8 [14848/60000(25%)] Loss: 0.010173
Train Epoch: 8 [30208/60000(50%)] Loss: 0.019482
Train Epoch: 8 [45568/60000(75%)] Loss: 0.012159

Test set: Average loss: 0.0323, Accuracy: 9886/10000(99%)

Train Epoch: 9 [14848/60000(25%)] Loss: 0.007792
Train Epoch: 9 [30208/60000(50%)] Loss: 0.006970
Train Epoch: 9 [45568/60000(75%)] Loss: 0.004989

Test set: Average loss: 0.0294, Accuracy: 9909/10000(99%)

Train Epoch: 10 [14848/60000(25%)] Loss: 0.003764
Train Epoch: 10 [30208/60000(50%)] Loss: 0.005944
Train Epoch: 10 [45568/60000(75%)] Loss: 0.001866

Test set: Average loss: 0.0361, Accuracy: 9902/10000(99%)

Train Epoch: 11 [14848/60000(25%)] Loss: 0.002737
Train Epoch: 11 [30208/60000(50%)] Loss: 0.014134
Train Epoch: 11 [45568/60000(75%)] Loss: 0.001365

Test set: Average loss: 0.0309, Accuracy: 9905/10000(99%)

Train Epoch: 12 [14848/60000(25%)] Loss: 0.003344
Train Epoch: 12 [30208/60000(50%)] Loss: 0.003090
Train Epoch: 12 [45568/60000(75%)] Loss: 0.004847

Test set: Average loss: 0.0318, Accuracy: 9902/10000(99%)

Train Epoch: 13 [14848/60000(25%)] Loss: 0.001278
Train Epoch: 13 [30208/60000(50%)] Loss: 0.003016
Train Epoch: 13 [45568/60000(75%)] Loss: 0.001328

Test set: Average loss: 0.0358, Accuracy: 9906/10000(99%)

Train Epoch: 14 [14848/60000(25%)] Loss: 0.002219
Train Epoch: 14 [30208/60000(50%)] Loss: 0.003487
Train Epoch: 14 [45568/60000(75%)] Loss: 0.014429

Test set: Average loss: 0.0376, Accuracy: 9896/10000(99%)

Train Epoch: 15 [14848/60000(25%)] Loss: 0.003042
Train Epoch: 15 [30208/60000(50%)] Loss: 0.002974
Train Epoch: 15 [45568/60000(75%)] Loss: 0.000871

Test set: Average loss: 0.0346, Accuracy: 9909/10000(99%)

Train Epoch: 16 [14848/60000(25%)] Loss: 0.000618
Train Epoch: 16 [30208/60000(50%)] Loss: 0.003164
Train Epoch: 16 [45568/60000(75%)] Loss: 0.007245

Test set: Average loss: 0.0357, Accuracy: 9905/10000(99%)

Train Epoch: 17 [14848/60000(25%)] Loss: 0.001874
Train Epoch: 17 [30208/60000(50%)] Loss: 0.013951
Train Epoch: 17 [45568/60000(75%)] Loss: 0.000729

Test set: Average loss: 0.0322, Accuracy: 9922/10000(99%)

Train Epoch: 18 [14848/60000(25%)] Loss: 0.002581
Train Epoch: 18 [30208/60000(50%)] Loss: 0.001396
Train Epoch: 18 [45568/60000(75%)] Loss: 0.015521

Test set: Average loss: 0.0389, Accuracy: 9914/10000(99%)

Train Epoch: 19 [14848/60000(25%)] Loss: 0.000283
Train Epoch: 19 [30208/60000(50%)] Loss: 0.001385
Train Epoch: 19 [45568/60000(75%)] Loss: 0.011184

Test set: Average loss: 0.0383, Accuracy: 9901/10000(99%)

```
Train Epoch: 20 [14848/60000(25%)] Loss: 0.000472
Train Epoch: 20 [30208/60000(50%)] Loss: 0.003306
Train Epoch: 20 [45568/60000(75%)] Loss: 0.018017

Test set: Average loss: 0.0393, Accuracy: 9899/10000(99%)
```

看一下结果,准确率为99%,没问题。如果模型连 MNIST 都搞不定,那么模型没有任何价值。即使模型搞定了 MNIST,模型也可能没有任何价值。

MNIST 是一个很简单的数据集,由于它的局限性只能作为研究用途,给实际应用带来的价值非常有限。但是通过这个例子,可以完全了解一个实际项目的工作流程。

找到数据集,对数据做预处理,定义模型,调整超参数,测试训练,再通过训练结果对超参数进行调整或者对模型进行调整。并且通过这个实例已经有了一个很好的模板,以后的项目都可以以这个模板为样例。

5.2 MNIST 图像分类

本次授课的目的和要求:

- PyTorch 与神经网络、图像分类

本次授课的重点、难点及解决措施:

- PyTorch 与神经网络、图像分类
- 难点:基于神经网络的图像分类算法的理解与实现
- 解决措施:查阅课外资料,加深了解,动手实验,提高学习效率

本次授课采用的教学方式、方法:

讲授、实验

本次授课采用的教具、挂图及工具:

Python 3.6+、Vs Code

课后作业内容与预估计完成时间:

- 预计完成时间:120 分钟
- 查找相关资料
- 复现实验环境与结果

思考一分钟:

使用到的数据来都包含哪些内容? 图像分类算法是如何实现的?

本次课的小结与改进措施：

5.2.1 Fashion MNIST 介绍

Fashion MNIST 数据集是 kaggle 上提供的一个图像分类入门级的数据集，其中包含 10 个类别的 70 000 个灰度图像。这些图片显示的是每件衣服的低分辨率(28×28 像素)。

Fashion MNIST 的目标是作为经典 MNIST 数据的替换——通常被用作计算机视觉机器学习程序的"Hello,World"。

MNIST 数据集包含手写数字(0~9)的图像，格式与在这里使用的衣服相同，MNIST 只有手写的 0~1 数据的复杂度不高，所以它只能用来做"Hello，World"。而 Fashion MNIST 由于使用的是衣服的数据，比数字要复杂得多，并且图片的内容也会更加多样性，所以它是一个比常规 MNIST 稍微更具挑战性的问题。

Fashion MNIST 这个数据集相对较小，用于验证算法是否按预期工作。它们是测试和调试代码的好起点。

5.2.2 数据集介绍

1. 分类

```
0 T-shirt/top
1 Trouser
2 Pullover
3 Dress
4 Coat
5 Sandal
6 Shirt
7 Sneaker
8 Bag
9 Ankle boot
```

2. 格式

fashion-mnist_test.csv

fashion-mnist_train.csv

存储的训练的数据和测试的数据，格式如下：

label 是分类的标签；pixel1-pixel784 是每一个像素代表的值，因为是灰度图像，所以是一个 0~255 之间的数值。

3. 数据提交

Fashion MNIST 不需要进行数据的提交,数据集中已经将训练集和测试集分好了,只需要载入、训练、查看即可,所以 Fashion MNIST 是一个非常好的入门级别的数据集。如图 5.1 和 5.2 所示。

```
# 指定数据目录
DATA_PATH = Path('./data/')
train = pd.read_csv(DATA_PATH / "fashion-mnist_train.csv");
train.head(10)
test = pd.read_csv(DATA_PATH / "fashion-mnist_test.csv");
   test.head(10)
train.max()
label        9
pixel1      16
pixel2      36
pixel3     226
pixel4     164
              ...
pixel780   255
pixel781   255
pixel782   255
pixel783   255
pixel784   170
Length: 785, dtype: int64
```

	label	pixel1	pixel2	pixel3	pixel4	pixel5	pixel6	pixel7	pixel8	pixel9	...	pixel775	pixel776	pixel777	pixel778	pixel779	pixel780	pixel781	pixel782	pixel783	pixel784
0	2	0	0	0	0	0	0	0	0	0	...	0	0	0	0	0	0	0	0	0	0
1	9	0	0	0	0	0	0	0	0	0	...	0	0	0	0	0	0	0	0	0	0
2	6	0	0	0	0	0	0	0	5	0	...	0	0	0	30	43	0	0	0	0	0
3	0	0	0	0	1	2	0	0	0	0	...	3	0	0	0	0	1	0	0	0	0
4	3	0	0	0	0	0	0	0	0	0	...	0	0	0	0	0	0	0	0	0	0
5	4	0	0	0	5	4	5	5	3	5	...	7	8	7	4	3	7	5	0	0	0
6	4	0	0	0	0	0	0	0	0	0	...	14	0	0	0	0	0	0	0	0	0
7	5	0	0	0	0	0	0	0	0	0	...	0	0	0	0	0	0	0	0	0	0
8	4	0	0	0	0	0	0	3	2	0	...	1	0	0	0	0	0	0	0	0	0
9	8	0	0	0	0	0	0	0	0	0	...	203	214	166	0	0	0	0	0	0	0

10 rows × 785 columns

图 5.1　MNIST train

	label	pixel1	pixel2	pixel3	pixel4	pixel5	pixel6	pixel7	pixel8	pixel9	...	pixel775	pixel776	pixel777	pixel778	pixel779	pixel780	pixel781	pixel782	pixel783	pixel784
0	0	0	0	0	0	0	0	0	9	8	...	103	87	56	0	0	0	0	0	0	0
1	1	0	0	0	0	0	0	0	0	0	...	34	0	0	0	0	0	0	0	0	0
2	2	0	0	0	0	0	0	14	53	99	...	0	0	0	0	63	53	31	0	0	0
3	2	0	0	0	0	0	0	0	0	0	...	137	126	140	0	133	224	222	56	0	0
4	3	0	0	0	0	0	0	0	0	0	...	0	0	0	0	0	0	0	0	0	0
5	2	0	0	0	0	0	44	105	44	10	...	105	64	30	0	0	0	0	0	0	0
6	8	0	0	0	0	0	0	0	0	0	...	0	0	0	0	0	0	0	0	0	0
7	6	0	0	0	0	0	0	0	1	0	...	174	136	155	31	0	1	0	0	0	0
8	5	0	0	0	0	0	0	0	0	0	...	0	0	0	0	0	0	0	0	0	0
9	0	0	0	0	0	0	0	0	0	0	...	57	70	28	0	2	0	0	0	0	0

10 rows × 785 columns

图 5.2　MNIST test

ubyte 文件标识了数据的格式,其中 idx3 的数字表示数据维度。也就是图像为三维,idx1 标签为一维。

import struct

from PIL import Image

with open(DATA_PATH / "train-images-idx3-ubyte",'rb') as file_object:
  header_data = struct.unpack(">4I",file_object.read(16))
  print(header_data)
(2051,60000,28,28)
with open(DATA_PATH / "train-labels-idx1-ubyte",'rb') as file_object:
  header_data = struct.unpack(">2I",file_object.read(8))
  print(header_data)
(2049,60000)

图 5.3 为二维图,如下是训练的图片的二进制格式。

[offset]	[type]	[value]	[description]
0000	32 bit integer	0x00000803(2051)	magic number
0004	32 bit integer	60000	number of images
0008	32 bit integer	28	number of rows
0012	32 bit integer	28	number of columns
0016	unsigned byte	??	pixel
0017	unsigned byte	??	pixel
....			
xxxx	unsigned byte	??	pixel

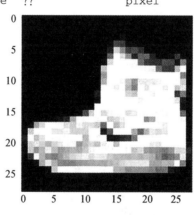

图 5.3 二维图

有四字节的 header_data,故使用 unpack_from 进行二进制转换时,偏置 offset = 16。

with open(DATA_PATH / "train-images-idx3-ubyte",'rb') as file_object:
  raw_img = file_object.read()

```
img = struct.unpack_from(">784B",raw_img,16)
image = np.asarray(img)
image = image.reshape((28,28))
print(image.shape)
plt.imshow(image,cmap = plt.cm.gray)
plt.show()
(28,28)
with open(DATA_PATH /"train-labels-idx1-ubyte",'rb') as file_object:
    raw_img = file_object.read(1)
    label = struct.unpack(">B",raw_img)
    print(label)
(0,)
```

这里显示的错位了。这种格式处理起来比较复杂,并且数据集中的 csv 直接给出了每个像素的值,所以这里可以直接使用 csv 格式的数据。

5.2.3 数据加载

为了使用 PyTorch 的 DataLoader 进行数据的加载,需要先创建一个自定义的 dataset。

```
class FashionMNISTDataset(Dataset):
    def __init__(self, csv_file, transform=None):
        data = pd.read_csv(csv_file)
        self.X = np.array(data.iloc[:, 1:]).reshape(-1, 1, 28, 28).astype(float)
        self.Y = np.array(data.iloc[:, 0]);
        del data;   #结束 data 对数据的引用,节省空间
        self.len = len(self.X)
    def __len__(self):
        #return len(self.X)
        return self.len
    def __getitem__(self, idx):
        item = self.X[idx]
        label = self.Y[idx]
        return(item, label)
```

对于自定义的数据集,只需要实现三个函数:

(1)__init__:初始化函数主要用于数据的加载,这里直接使用 pandas 将数据读取为 dataframe,然后将其转成 NumPy 数组来进行索引。

(2)__len__:返回数据集的总数,PyTorch 里面的 DataLorder 需要知道数据集的总数。

(3)__getitem__:会返回单张图片,它包含一个 index,返回值为样本及其标签。

创建训练和测试集,demo 模型如图 5.4 所示。

```
train_dataset = FashionMNISTDataset(csv_file = DATA_PATH / "fashion - mnist_train.csv")
test_dataset = FashionMNISTDataset(csv_file = DATA_PATH / "fashion - mnist_test.csv")
```

在使用 PyTorch 的 DataLoader 读取数据之前,需要指定一个 batch size,这也是一个超参数,涉及内存的使用量,如果出现 dom 的错误则要减小这个数值,一般这个数值都为 2 的幂或者 2 的倍数。

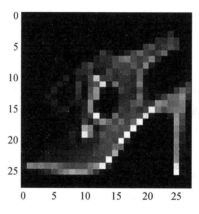

图 5.4 demo 模型

```
# 因为是常量,所以大写,需要说明的是,这些常量建议都使用完整的英文单词,减少歧义
BATCH_SIZE = 256 # 这个 batch 可以在 M250 的笔记本显卡中进行训练,不会 oom
```

接着使用 DataLoader 模块来使用这些数据。

```
train_loader = torch.utils.data.DataLoader(dataset = train_dataset, batch_size = BATCH_SIZE, shuffle = True) # shuffle 标识要打乱顺序
test_loader = torch.utils.data.DataLoader(dataset = test_dataset, batch_size = BATCH_SIZE, shuffle = False) # shuffle 标识要打乱顺序,测试集不需要打乱
```

查看一下数据:

```
a = iter(train_loader)
data = next(a)
img = data[0][0].reshape(28,28)
data[0][0].shape,img.shape
(torch.Size([1, 28, 28]), torch.Size([28, 28]))
plt.imshow(img,cmap = plt.cm.gray)
plt.show()
```

此时,看着就没问题了,可以是一个完整的图了,所以还是用 csv 实现,如图 5.6 所示。

5.2.4 创建网络

三层的简单的 CNN 网络如下所示：

```
class CNN(NN.Module):
    def __init__(self):
        super(CNN, self).__init__()
        self.layer1 = NN.Sequential(
            NN.Conv2d(1,16,kernel_size=5,padding=2),
            NN.BatchNorm2d(16),
            NN.ReLU()) #16,28,28
        self.pool1=NN.MaxPool2d(2) #16,14,14
        self.layer2 = NN.Sequential(
            NN.Conv2d(16,32,kernel_size=3),
            NN.BatchNorm2d(32),
            NN.ReLU())#32,12,12
        self.layer3 = NN.Sequential(
            NN.Conv2d(32,64,kernel_size=3),
            NN.BatchNorm2d(64),
            NN.ReLU()) #64,10,10
        self.pool2=NN.MaxPool2d(2)   #64,5,5
        self.fc = NN.Linear(5*5*64,10)
    def forward(self,x):
        out = self.layer1(x)
        #print(out.shape)
        out=self.pool1(out)
        #print(out.shape)
        out = self.layer2(out)
        #print(out.shape)
        out=self.layer3(out)
        #print(out.shape)
        out=self.pool2(out)
        #print(out.shape)
        out = out.view(out.size(0), -1)
        #print(out.shape)
        out = self.fc(out)
        return out
```

以上代码看起来很简单。这里面都包含数学的含义。只讲 PyTorch 相关的：在函数里使用 torch. nn 提供的模块来定义各个层，在每个卷积层后使用了批次的归一化和 RE-

LU 激活,并且在每一个操作分组后面进行了 pooling 的操作(减少信息量,避免过拟合),然后使用了全连接层来输出 10 个类别。

view 函数用来改变输出值矩阵的形状并匹配最后一层的维度。

cnn = CNN();
#可以通过以下方式验证,没报错说明没问题,
cnn(torch.rand(1,1,28,28))
tensor([[-0.9031, 0.1854, -1.2564, 0.0946, -0.9428, 0.9311, -0.4686, -0.5068,
    -0.3318, -0.6995]], grad_fn = <AddmmBackward>)
#打印下网络,做最后的确认
print(cnn)

程序执行结果为:

CNN(
  (layer1): Sequential(
    (0): Conv2d(1, 16, kernel_size = (5, 5), stride = (1, 1), padding = (2, 2))
    (1): BatchNorm2d(16, eps = 1e - 05, momentum = 0.1, affine = True, track_running_stats = True)
    (2): ReLU()
)
  (pool1): MaxPool2d(kernel_size = 2, stride = 2, padding = 0, dilation = 1, ceil_mode = False)
  (layer2): Sequential(
    (0): Conv2d(16, 32, kernel_size = (3, 3), stride = (1, 1))
    (1): BatchNorm2d(32, eps = 1e - 05, momentum = 0.1, affine = True, track_running_stats = True)
    (2): ReLU()
)
  (layer3): Sequential(
    (0): Conv2d(32, 64, kernel_size = (3, 3), stride = (1, 1))
    (1): BatchNorm2d(64, eps = 1e - 05, momentum = 0.1, affine = True, track_running_stats = True)
    (2): ReLU()
)
  (pool2): MaxPool2d(kernel_size = 2, stride = 2, padding = 0, dilation = 1, ceil_mode = False)
  (fc): Linear(in_features = 1600, out_features = 10, bias = True)
)

从定义模型开始就要指定模型计算的位置,CPU 还是 GPU,所以需要加另外一个

参数：
```
DEVICE = torch.device("cpu")
if torch.cuda.is_available():
    DEVICE = torch.device("cuda")
print(DEVICE)
```
程序执行结果为：
```
cuda#先把网络放到gpu上
cnn = cnn.to(DEVICE)
```
注意：此处使用 GPU 需要 GPU 版本的 PyTorch，结果是 CPU 需要删除 torch 和 torch-vision，如图 5.5 所示，再去官网重新下载 GPU 版本 PyTorch。

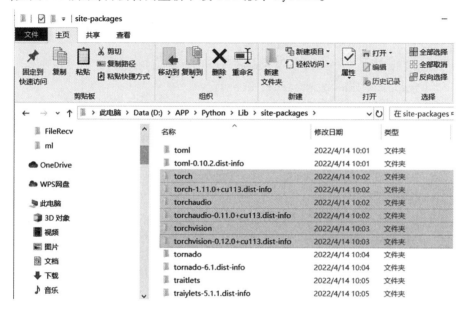

图 5.5　安装 GPU 版本的 PyTorch 需要删除的 CPU 版本的文件

5.2.5　损失函数

多分类因为使用 Softmax 回归将神经网络前向传播得到的结果变成概率分布，所以使用交叉熵损失。在 PyTorch 中 NN.CrossEntropyLoss 是将 nn.LogSoftmax() 和 nn.NLL-Loss() 进行了整合，CrossEntropyLoss 也可以分开来写，使用两步计算，这里为了方便直接一步到位：
```
#损失函数也需要放到GPU中
criterion = NN.CrossEntropyLoss().to(DEVICE)
```

5.2.6　优化器

Adam 优化器的特点是简单，好用，最主要还是好操作。

```
#另外一个超参数,学习率
LEARNING_RATE = 0.01
#优化器不需要放 GPU
optimizer = torch.optim.Adam(cnn.parameters(), lr = LEARNING_RATE)
```

5.2.7 开始训练

```
#另外一个超参数,指定训练批次
TOTAL_EPOCHS = 50
%%time
#记录损失函数
losses = [];
for epoch in range(TOTAL_EPOCHS):
    for i,(images, labels) in enumerate(train_loader):
        images = images.float().to(DEVICE)
        labels = labels.to(DEVICE)
        #清零
        optimizer.zero_grad()
        outputs = cnn(images)
        #计算损失函数
        loss = criterion(outputs, labels)
        loss.backward()
        optimizer.step()
        losses.append(loss.cpu().data.item());
        if(i +1) % 100 == = 0:
            print('Epoch : % d /% d, Iter : % d /% d,  Loss: % .4f'% (epoch +1, TOTAL_EPOCHS, i +1, len(train_dataset)//BATCH_SIZE, loss.data.item()))
```

程序执行结果为:

Epoch : 1/50, Iter : 100/234, Loss: 0.4569

Epoch : 1/50, Iter : 200/234, Loss: 0.3623

Epoch : 2/50, Iter : 100/234, Loss: 0.2648

Epoch : 2/50, Iter : 200/234, Loss: 0.3044

Epoch : 3/50, Iter : 100/234, Loss: 0.2107

Epoch : 3/50, Iter : 200/234, Loss: 0.3022

Epoch : 4/50, Iter : 100/234, Loss: 0.2583

Epoch : 4/50, Iter : 200/234, Loss: 0.2837

Epoch : 5/50, Iter : 100/234, Loss: 0.2377

Epoch : 5/50, Iter : 200/234, Loss: 0.2422

```
Epoch：6/50, Iter：100/234,  Loss：0.1537
Epoch：6/50, Iter：200/234,  Loss：0.2270
Epoch：7/50, Iter：100/234,  Loss：0.1485
Epoch：7/50, Iter：200/234,  Loss：0.1740
Epoch：8/50, Iter：100/234,  Loss：0.3264
Epoch：8/50, Iter：200/234,  Loss：0.2096
Epoch：9/50, Iter：100/234,  Loss：0.1844
Epoch：9/50, Iter：200/234,  Loss：0.1927
Epoch：10/50, Iter：100/234,  Loss：0.1343
Epoch：10/50, Iter：200/234,  Loss：0.2225
Epoch：11/50, Iter：100/234,  Loss：0.1251
Epoch：11/50, Iter：200/234,  Loss：0.1789
Epoch：12/50, Iter：100/234,  Loss：0.1439
Epoch：12/50, Iter：200/234,  Loss：0.1290
Epoch：13/50, Iter：100/234,  Loss：0.2017
Epoch：13/50, Iter：200/234,  Loss：0.1130
Epoch：14/50, Iter：100/234,  Loss：0.0992
Epoch：14/50, Iter：200/234,  Loss：0.1736
Epoch：15/50, Iter：100/234,  Loss：0.0920
Epoch：15/50, Iter：200/234,  Loss：0.1557
Epoch：16/50, Iter：100/234,  Loss：0.0914
Epoch：16/50, Iter：200/234,  Loss：0.1508
Epoch：17/50, Iter：100/234,  Loss：0.1273
Epoch：17/50, Iter：200/234,  Loss：0.1982
Epoch：18/50, Iter：100/234,  Loss：0.1752
Epoch：18/50, Iter：200/234,  Loss：0.1517
Epoch：19/50, Iter：100/234,  Loss：0.0586
Epoch：19/50, Iter：200/234,  Loss：0.0984
Epoch：20/50, Iter：100/234,  Loss：0.1409
Epoch：20/50, Iter：200/234,  Loss：0.1286
Epoch：21/50, Iter：100/234,  Loss：0.0900
Epoch：21/50, Iter：200/234,  Loss：0.1168
Epoch：22/50, Iter：100/234,  Loss：0.0755
Epoch：22/50, Iter：200/234,  Loss：0.1217
Epoch：23/50, Iter：100/234,  Loss：0.0703
Epoch：23/50, Iter：200/234,  Loss：0.1383
Epoch：24/50, Iter：100/234,  Loss：0.0916
```

Epoch: 24/50, Iter: 200/234, Loss: 0.0685
Epoch: 25/50, Iter: 100/234, Loss: 0.0947
Epoch: 25/50, Iter: 200/234, Loss: 0.1244
Epoch: 26/50, Iter: 100/234, Loss: 0.0615
Epoch: 26/50, Iter: 200/234, Loss: 0.0478
Epoch: 27/50, Iter: 100/234, Loss: 0.0280
Epoch: 27/50, Iter: 200/234, Loss: 0.0459
Epoch: 28/50, Iter: 100/234, Loss: 0.0213
Epoch: 28/50, Iter: 200/234, Loss: 0.0764
Epoch: 29/50, Iter: 100/234, Loss: 0.0391
Epoch: 29/50, Iter: 200/234, Loss: 0.0899
Epoch: 30/50, Iter: 100/234, Loss: 0.0541
Epoch: 30/50, Iter: 200/234, Loss: 0.0750
Epoch: 31/50, Iter: 100/234, Loss: 0.0605
Epoch: 31/50, Iter: 200/234, Loss: 0.0766
Epoch: 32/50, Iter: 100/234, Loss: 0.1368
Epoch: 32/50, Iter: 200/234, Loss: 0.0588
Epoch: 33/50, Iter: 100/234, Loss: 0.0253
Epoch: 33/50, Iter: 200/234, Loss: 0.0705
Epoch: 34/50, Iter: 100/234, Loss: 0.0248
Epoch: 34/50, Iter: 200/234, Loss: 0.0751
Epoch: 35/50, Iter: 100/234, Loss: 0.0449
Epoch: 35/50, Iter: 200/234, Loss: 0.1006
Epoch: 36/50, Iter: 100/234, Loss: 0.0281
Epoch: 36/50, Iter: 200/234, Loss: 0.0418
Epoch: 37/50, Iter: 100/234, Loss: 0.0547
Epoch: 37/50, Iter: 200/234, Loss: 0.1003
Epoch: 38/50, Iter: 100/234, Loss: 0.0694
Epoch: 38/50, Iter: 200/234, Loss: 0.0340
Epoch: 39/50, Iter: 100/234, Loss: 0.0620
Epoch: 39/50, Iter: 200/234, Loss: 0.1004
Epoch: 40/50, Iter: 100/234, Loss: 0.0588
Epoch: 40/50, Iter: 200/234, Loss: 0.0309
Epoch: 41/50, Iter: 100/234, Loss: 0.0387
Epoch: 41/50, Iter: 200/234, Loss: 0.0136
Epoch: 42/50, Iter: 100/234, Loss: 0.0149
Epoch: 42/50, Iter: 200/234, Loss: 0.0448

```
Epoch:43/50,Iter:100/234, Loss:0.0076
Epoch:43/50,Iter:200/234, Loss:0.0593
Epoch:44/50,Iter:100/234, Loss:0.0267
Epoch:44/50,Iter:200/234, Loss:0.0308
Epoch:45/50,Iter:100/234, Loss:0.0150
Epoch:45/50,Iter:200/234, Loss:0.0764
Epoch:46/50,Iter:100/234, Loss:0.0221
Epoch:46/50,Iter:200/234, Loss:0.0325
Epoch:47/50,Iter:100/234, Loss:0.0190
Epoch:47/50,Iter:200/234, Loss:0.0359
Epoch:48/50,Iter:100/234, Loss:0.0256
Epoch:48/50,Iter:200/234, Loss:0.0374
Epoch:49/50,Iter:100/234, Loss:0.0198
Epoch:49/50,Iter:200/234, Loss:0.0300
Epoch:50/50,Iter:100/234, Loss:0.0465
Epoch:50/50,Iter:200/234, Loss:0.0558
```

5.2.8 训练后操作

```
plt.xkcd();
plt.xlabel('训练次数');
plt.ylabel('损失');
plt.plot(losses);
plt.show();
```

程序执行结果如图5.6所示。

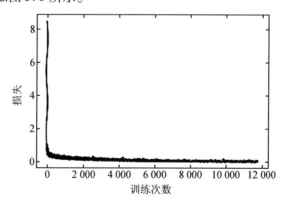

图5.6 可视化损失函数

保存模型：

```
torch.save(cnn.state_dict(), "fm-cnn3.pth")
#加载用这个
#cnn.load_state_dict(torch.load("fm-cnn3.pth"))
```

5.2.9 模型评估

模型评估就是使用测试集对模型进行的评估，应该是添加到训练中进行了，这里为了方便说明直接在训练完成后评估了。

```
cnn.eval()
correct = 0
total = 0
for images, labels in test_loader:
    images = images.float().to(DEVICE)
    outputs = cnn(images).cpu()
    _, predicted = torch.max(outputs.data, 1)
    total += labels.size(0)
    correct += (predicted == labels).sum()
print('准确率：%.4f%%' % (100 * correct / total))
```

程序执行结果为：

准确率：90.0000%

模型评估的步骤如下：

(1) 将网络的模式改为eval。

(2) 将图片输入到网络中得到输出。

(3) 通过取出one-hot输出的最大值来得到输出的标签。

(4) 统计正确的预测值。

5.2.10 进一步优化

```
%%time
#修改学习率和批次
cnn.train()
LEARNING_RATE = LEARNING_RATE / 10
TOTAL_EPOCHS = 20
optimizer = torch.optim.Adam(cnn.parameters(), lr=0.001)
losses = [];
for epoch in range(TOTAL_EPOCHS):
    for i,(images, labels) in enumerate(train_loader):
```

```python
            images = images.float().to(DEVICE)
            labels = labels.to(DEVICE)
            #清零
            optimizer.zero_grad()
            outputs = cnn(images)
            #计算损失函数
            #损失函数直接放到CPU中,因为还有其他的计算
            loss = criterion(outputs, labels).cpu()
            loss.backward()
            optimizer.step()
            losses.append(loss.data.item())
            if(i +1) % 100 = = 0:
                print('Epoch : % d / % d, Iter : % d / % d,  Loss: % .4f'% (epoch +1,
TOTAL_EPOCHS, i +1, len(train_dataset) //BATCH_SIZE, loss.data.item()))
```

程序执行结果为:

Epoch : 1 / 20, Iter : 100 / 234, Loss: 0.0096

Epoch : 1 / 20, Iter : 200 / 234, Loss: 0.0124

Epoch : 2 / 20, Iter : 100 / 234, Loss: 0.0031

Epoch : 2 / 20, Iter : 200 / 234, Loss: 0.0020

Epoch : 3 / 20, Iter : 100 / 234, Loss: 0.0013

Epoch : 3 / 20, Iter : 200 / 234, Loss: 0.0041

Epoch : 4 / 20, Iter : 100 / 234, Loss: 0.0016

Epoch : 4 / 20, Iter : 200 / 234, Loss: 0.0023

Epoch : 5 / 20, Iter : 100 / 234, Loss: 0.0010

Epoch : 5 / 20, Iter : 200 / 234, Loss: 0.0008

Epoch : 6 / 20, Iter : 100 / 234, Loss: 0.0017

Epoch : 6 / 20, Iter : 200 / 234, Loss: 0.0010

Epoch : 7 / 20, Iter : 100 / 234, Loss: 0.0009

Epoch : 7 / 20, Iter : 200 / 234, Loss: 0.0009

Epoch : 8 / 20, Iter : 100 / 234, Loss: 0.0005

Epoch : 8 / 20, Iter : 200 / 234, Loss: 0.0008

Epoch : 9 / 20, Iter : 100 / 234, Loss: 0.0005

Epoch : 9 / 20, Iter : 200 / 234, Loss: 0.0006

Epoch : 10 / 20, Iter : 100 / 234, Loss: 0.0016

Epoch : 10 / 20, Iter : 200 / 234, Loss: 0.0011

Epoch : 11 / 20, Iter : 100 / 234, Loss: 0.0003

Epoch : 11 / 20, Iter : 200 / 234, Loss: 0.0009

```
Epoch:12/20, Iter:100/234, Loss:0.0010
Epoch:12/20, Iter:200/234, Loss:0.0002
Epoch:13/20, Iter:100/234, Loss:0.0004
Epoch:13/20, Iter:200/234, Loss:0.0005
Epoch:14/20, Iter:100/234, Loss:0.0003
Epoch:14/20, Iter:200/234, Loss:0.0004
Epoch:15/20, Iter:100/234, Loss:0.0002
Epoch:15/20, Iter:200/234, Loss:0.0005
Epoch:16/20, Iter:100/234, Loss:0.0002
Epoch:16/20, Iter:200/234, Loss:0.0007
Epoch:17/20, Iter:100/234, Loss:0.0003
Epoch:17/20, Iter:200/234, Loss:0.0002
Epoch:18/20, Iter:100/234, Loss:0.0004
Epoch:18/20, Iter:200/234, Loss:0.0001
Epoch:19/20, Iter:100/234, Loss:0.0003
Epoch:19/20, Iter:200/234, Loss:0.0005
Epoch:20/20, Iter:100/234, Loss:0.0002
Epoch:20/20, Iter:200/234, Loss:0.0002
```

5.2.11 再次进行评估

```
cnn.eval()
correct = 0
total = 0
for images, labels in test_loader:
    images = images.float().to(DEVICE)
    outputs = cnn(images).cpu()
    _, predicted = torch.max(outputs.data, 1)
    total += labels.size(0)
    correct += (predicted == labels).sum()
    print('准确率:%.4f%%'%(100 * correct /total))
```

程序执行结果为:

准确率:91.0000%

%%time

#修改学习率和批次

cnn.train()

LEARNING_RATE = LEARNING_RATE /10

TOTAL_EPOCHS =10

```python
optimizer = torch.optim.Adam(cnn.parameters(), lr=0.001)
losses = [];
for epoch in range(TOTAL_EPOCHS):
    for i,(images, labels) in enumerate(train_loader):
        images = images.float().to(DEVICE)
        labels = labels.to(DEVICE)
        #清零
        optimizer.zero_grad()
        outputs = cnn(images)
        #计算损失函数
        #损失函数直接放到CPU中,因为还有其他的计算
        loss = criterion(outputs, labels)
        loss.backward()
        optimizer.step()
        losses.append(loss.cpu().data.item());
        if(i+1) % 100 == 0:
            print('Epoch : %d/%d, Iter : %d/%d,  Loss: %.4f'% (epoch+1, TOTAL_EPOCHS, i+1, len(train_dataset)//BATCH_SIZE, loss.data.item()))
```

程序执行结果为:

Epoch : 1/10, Iter : 100/234, Loss: 0.0002
Epoch : 1/10, Iter : 200/234, Loss: 0.0001
Epoch : 2/10, Iter : 100/234, Loss: 0.0001
Epoch : 2/10, Iter : 200/234, Loss: 0.0005
Epoch : 3/10, Iter : 100/234, Loss: 0.0002
Epoch : 3/10, Iter : 200/234, Loss: 0.0001
Epoch : 4/10, Iter : 100/234, Loss: 0.0003
Epoch : 4/10, Iter : 200/234, Loss: 0.0001
Epoch : 5/10, Iter : 100/234, Loss: 0.0002
Epoch : 5/10, Iter : 200/234, Loss: 0.0003
Epoch : 6/10, Iter : 100/234, Loss: 0.0002
Epoch : 6/10, Iter : 200/234, Loss: 0.0002
Epoch : 7/10, Iter : 100/234, Loss: 0.0001
Epoch : 7/10, Iter : 200/234, Loss: 0.0002
Epoch : 8/10, Iter : 100/234, Loss: 0.0008
Epoch : 8/10, Iter : 200/234, Loss: 0.0008
Epoch : 9/10, Iter : 100/234, Loss: 0.0005
Epoch : 9/10, Iter : 200/234, Loss: 0.0002

```
Epoch:10/10, Iter:100/234, Loss:0.0006
Epoch:10/10, Iter:200/234, Loss:0.0002
Wall time: 1min 9s
#可视化一下
plt.xkcd();
plt.xlabel('训练次数');
plt.ylabel('损失');
plt.plot(losses);
plt.show();
```

程序执行结果如图5.7所示。

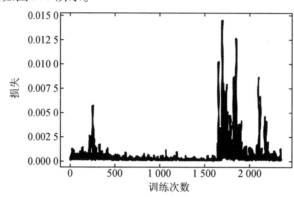

图5.7 计算损失函数

```
cnn.eval()
correct = 0
total = 0
for images, labels in test_loader:
    images = images.float().to(DEVICE)
    outputs = cnn(images).cpu()
    _, predicted = torch.max(outputs.data, 1)
    total += labels.size(0)
    correct += (predicted == labels).sum()
print('准确率:%.4f%%'%(100 * correct /total))
```

程序执行结果为:

准确率:91.0000%

损失小了,但是准确率没有提高,这就说明已经接近模型的瓶颈了,如果再要进行优化,就需要修改模型了。另外还有一个判断模型是否到瓶颈的标准,就是看损失函数,最后一次训练的损失函数明显没有下降的趋势,只是在振荡,这说明已经没有什么优化的空间了。

通过简单的操作,也能够看到Adam优化器的实用性,只要简单地修改学习率就能够达到优化的效果，Adam 优化器的使用一般情况下是首先使用 0.1 进行预热，然后再用 0.01 进行大批次地训练，最后使用 0.001 这个学习率进行收尾，再小的学习率一般情况就不需要了。

5.2.12 总结

最后再总结一下几个超参数：

（1）batch_size：批次数量，定义每次训练时多少数据作为一批，这个批次需要在 dataloader 初始化时进行设置，并且需要这对模型和显存进行配置，如果出现 oom 有线减小，一般设为 2 的倍数。

（2）device：进行计算的设备，主要是 CPU 还是 GPU。

（3）learning_rate：学习率，反向传播时使用。

（4）total_epochs：训练的批次，一般情况下会根据损失和准确率等阈值确定。

其实优化器和损失函数也算超参数，这里就不说了。

参考文献

[1] 田盛丰. 人工智能原理与应用:专家系统、机器学习、面向对象的方法[M]. 北京:北京理工大学出版社,1993.

[2] 周志华,王珏. 机器学习及其应用2009[M]. 北京:清华大学出版社,2009.

[3] HAYKIN S. 神经网络原理(原书:第2版)[M]. 叶世伟,史忠植,译. 北京:机械工业出版社,2004.

[4] WITTEN. H,FRANKE. 数据挖掘实用机器学习技术(原书第2版)[M]董琳,邱泵,于晓峰,等译. 北京:机械工业出版社,2006.

[5] 郭亚宁,冯莎莎. 机器学习理论研究[J]. 中国科技信息,2010,403(14):208-209+214.

[6] HAYKIN S. 神经网络与机器学习(原书第3版)[M]. 申富饶,徐烨,郑俊,等译. 北京:机械工业出版社,2011.

[7] 郭丽丽,丁世飞. 深度学习研究进展[J]. 计算机科学,2015,42(5):28-33.